複素流体力学ノート
―― 理想流体の基礎から粘性流への展開 ――

工学博士 新井 紀夫 著

コロナ社

まえがき

　本書では，理想流体の概念と粘性流におけるせん断流（渦度の集まり）とを複素数（関数論）を用いて結び付けることにより，流体力学の基本概念を理解することを目指している．粘性流を解くには，現実的にはナヴィエ・ストークス方程式を数値的に解くことになるが，粘性流，せん断流とはなんぞやという物理的理解がなくても，ある程度解けてしまう．しかし，物理的理解が欠けた状態で数値解を眺めても，間違いのどつぼにはまるだけである．

　そこで，本書では複素速度ポテンシャルの考え方のみで粘性流を理解していくことを目指す．そうすることによって，物理的理解を伴いながら粘性流を捉えていくことができるようになるからである．その意味で，これは粘性流に対する究極のモデル化ということができる．

　本書の内容は，流体力学の初学者が最初に習う部分であるので，機械系，航空系の学生たちに読んでもらいたい（特に航空系）．工学部における関数論に関する講義は，学生にとって目的が不明確であったり，ただ問題を解くだけになっていたりして，概念の理解すらあいまいなまま終わっていることが多い．しかし，関数論の概念は，見方によっては流体力学と密接な関係にあるので，物理的概念とともに学ぶことにより，面白さの本質を知ることができるのである．

　また，本書の内容は関数論を基盤としているので，理学部数学科の基礎応用科目の一端も担えるであろう．日本における理学部数学科は，純粋数学に重心があり，応用数学は軽んじられているとの懸念を持っており，本書がそれを少しでも払拭できればと期待している．

　本書の構成はつぎのとおりである．1章では，本書で扱う関数論の基礎を，復習を交えつつ明確に述べている．特に複素数の微分可能性，積分などに関しては詳細に述べている．2～5章では，流体力学の基礎を復習し，複素速度ポテン

シャルの理解を深める。6章では，典型的な円周りの流れに焦点を絞って詳細に解説している。7章からは，等角写像を説明し，写像による流れ場の解析の典型例としてJoukowski変換を，また，物体に働く流体力（Blasiusの定理）を詳細に解説している。10，11章では，本書の大きな目的の一つである「複素速度ポテンシャルによる粘性流の解析」の基礎となる鏡像の方法を説明し，粘性流の解析につなげている。12章では，複素速度ポテンシャルによる仮想質量の求め方を説明し，本書の目的とする「複素速度ポテンシャルのみによる流体現象の解明」に向けた拡張性を説明している。

2012年8月吉日

新井紀夫

目　　　次

1. 複素数の基礎

1.1 複　素　数 ………………………………………………………… *1*
1.2 複素数の幾何学的意味 …………………………………………… *4*
　1.2.1 実　数　倍 ………………………………………………… *4*
　1.2.2 和　と　差 ………………………………………………… *5*
　1.2.3 積　と　商 ………………………………………………… *5*
1.3 複素数による直線の方程式の表現 ……………………………… *6*
1.4 複素数による円の方程式の表現 ………………………………… *7*
　1.4.1 円に関する鏡像 …………………………………………… *7*
　1.4.2 直線の円に関する鏡像 …………………………………… *9*
　1.4.3 円の円に関する鏡像 ……………………………………… *10*
1.5 複素変数の関数 …………………………………………………… *11*
　1.5.1 複素関数の微分可能性 …………………………………… *11*
　1.5.2 複素数の指数関数 ………………………………………… *14*
　1.5.3 複素数の三角関数 ………………………………………… *15*
　1.5.4 複素数のn乗根 …………………………………………… *15*
　1.5.5 複素数の対数関数 ………………………………………… *17*
1.6 複素関数の積分 …………………………………………………… *18*
1.7 コーシーの積分定理 ……………………………………………… *20*
1.8 コーシーの積分公式 ……………………………………………… *21*
1.9 留　数　定　理 …………………………………………………… *22*

2. 速度ポテンシャルと流れ関数

2.1 速度ポテンシャル ··· *26*
2.2 流 れ 関 数 ··· *27*
2.3 渦　　　　度 ··· *28*

3. 複素速度ポテンシャル

3.1 複 素 速 度 ··· *32*
3.2 流線と等ポテンシャル線 ·· *34*

4. 複素速度ポテンシャルを用いて表す流れ

4.1 平 行 な 流 れ ··· *36*
4.2 凹状角部（90°）を回る流れ ·· *37*
4.3 凹状もしくは凸状角部（任意の角度）を回る流れ ···················· *38*
4.4 湧き出し，吸い込み ·· *40*
4.5 回 転 流 ，渦 ··· *42*
4.6 二重湧き出し ·· *44*

5. 流れの合成

5.1 強さの等しい湧き出しと吸い込み ·· *49*
5.2 一様流と湧き出し ·· *52*
5.3 一様流と湧き出し，吸い込み ·· *55*
5.4 一様流と二重湧き出し ·· *56*
5.5 流 線 の 合 成 ··· *58*

6. 種々の円柱周りの流れ

6.1 円柱周りに循環がある流れ …………………………………… *60*
6.2 静止した流体中を等速運動する円柱 …………………………… *64*

7. 等 角 写 像

7.1 等 角 写 像 …………………………………………………… *67*
7.2 流れ場における等角写像 ………………………………………… *71*

8. Joukowski 翼

8.1 Joukowski変換 …………………………………………………… *75*
8.2 楕円柱周りの流れ ………………………………………………… *77*
8.3 楕円柱周りに循環がある流れ …………………………………… *80*
8.4 Joukowski 翼 ……………………………………………………… *82*

9. Blasiusの定理

9.1 線素 ds に働く力とモーメント ………………………………… *84*
9.2 物体全体に働く力とモーメント ………………………………… *85*

10. 鏡 像 の 方 法

10.1 壁が平板の場合 ………………………………………………… *89*
   10.1.1 湧き出しの鏡像 …………………………………………… *89*
   10.1.2 渦糸の鏡像 ………………………………………………… *90*

10.1.3　二重湧き出しの鏡像 ·· 91
10.2　壁が円の場合（Milne-Thomson の円定理）························ 92
　　10.2.1　一様流の鏡像 ·· 93
　　10.2.2　湧き出しの鏡像 ·· 93
　　10.2.3　渦糸の鏡像 ·· 100
　　10.2.4　二重湧き出しの鏡像 ·· 101
　　10.2.5　双子渦の鏡像 ·· 103
　　10.2.6　強さの異なる二つの渦糸の鏡像 ······························ 106

11. 非粘性渦（渦糸）による粘性流のモデル化―渦糸近似法

11.1　渦点による速度成層の表現 ·· 110
11.2　渦点による物体の表現 ·· 111
11.3　渦点による粘性流の表現 ··· 112

12. 仮 想 質 量

12.1　仮想質量の計算 ··· 116
12.2　離散渦法の応用 ··· 117

付　　　　録 ·· 121

　A.1　変　数　変　換 ··· 121
　A.2　直交する流線 ·· 123
　A.3　コーシーの積分定理 ··· 126

引用・参考文献 ··· 129
索　　　　引 ·· 131

1 複素数の基礎

すでにいろいろなところで学んでいるはずであるが，複素数の領域において，特徴的な虚数単位 i が出てくる。これは

$$i^2 = -1 \tag{1.1}$$

という性質を有している。複素数はこれを用いて表現され，数学による記述の世界を一段高めるのにたいへん有効な役目を果たしている。

ここでは，その基本的性質として是非とも知っておいてほしい関係について述べる。それを理解することにより，本書で目的としている「複素流体力学」を，より有効に習得することができる。基本的には，複素流体力学は理想流体に関するものであるが，本書では粘性流体の表現にも十二分に役立つ流れのモデル化を導いていく。

1.1 複 素 数

いま，実数定数 a, b と実変数 x, y に対して，つぎのような式を考える。

$$c = a + ib \tag{1.2}$$

$$z = x + iy \tag{1.3}$$

この場合，c を複素数の定数，z を複素数の変数という。これらを図示する際には，実数を x 軸上に，虚数を y 軸上にとり，複素数 z を xy 平面上の点 (x, y) として表す。この xy 平面を**複素平面**と呼ぶ（もしくは z 平面）。また，x 軸を

実数軸，y 軸を**虚数軸**と呼ぶ。

便宜上，直角座標 (x,y) だけでなく，極座標 (r,θ) もよく用いられる（図 **1.1**）。その関係は次式で与えられる。

$$\left.\begin{array}{l} x = r\cos\theta \\ y = r\sin\theta \end{array}\right\} \qquad \left.\begin{array}{l} r = \sqrt{x^2+y^2} \\ \theta = \tan^{-1}\dfrac{y}{x} \end{array}\right\} \tag{1.4}$$

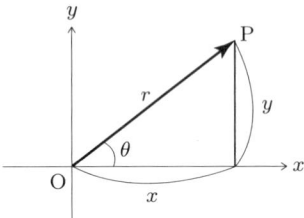

図 1.1 (x,y) 座標と (r,θ) 座標

以上の表現を用いて xy 平面を複素平面と考えると，複素数 $z = x + iy$ は平面上の点を表す**複素座標**である。ここで複素数 z の絶対値 $|z|$ を $\sqrt{x^2+y^2}$ と定義すると，式 (1.4) の関係式より

$$r = |z| \tag{1.5}$$

であり，θ は複素数 z の偏角と呼ばれ

$$\theta = \arg z \tag{1.6}$$

のように表す。複素数 z は絶対値 r と偏角 θ を用いて

$$z = x + iy = r(\cos\theta + i\sin\theta) \tag{1.7}$$

と表すことができる。

つぎに，複素数の積について考える。複素数 $z_\alpha = r_\alpha(\cos\alpha + i\sin\alpha)$ と $z_\beta = r_\beta(\cos\beta + i\sin\beta)$ の積は

$$z_\alpha z_\beta = r_\alpha(\cos\alpha + i\sin\alpha) \cdot r_\beta(\cos\beta + i\sin\beta)$$

$$= r_\alpha r_\beta(\cos\alpha\cos\beta - \sin\alpha\sin\beta + i(\sin\alpha\cos\beta + \sin\beta\cos\alpha))$$
$$= r_\alpha r_\beta(\cos(\alpha+\beta) + i\sin(\alpha+\beta)) \tag{1.8}$$

となる．つまり，二つの複素数の積により，それぞれの絶対値の積が新たな絶対値，それぞれの偏角の和が新たな偏角となるような，新たな複素数が得られる．

このことを見やすくするために

$$e^{i\theta} \stackrel{\text{def}}{=} \cos\theta + i\sin\theta \tag{1.9}$$

で定義される関数 $e^{i\theta}$ を導入する．この関数がつぎのような性質を持つことは，三角関数の加法定理を使用することにより，簡単に確かめられる．

$$e^{i(\theta_1+\theta_2)} = e^{i\theta_1} \cdot e^{i\theta_2} \tag{1.10}$$

また，その微分に関しても，関数 $e^{i\theta}$ からつぎの式が成り立つことがわかる．

$$\begin{aligned}\frac{d}{d\theta}e^{i\theta} &= \frac{d}{d\theta}(\cos\theta + i\sin\theta) \\ &= -\sin\theta + i\cos\theta \\ &= ie^{i\theta}\end{aligned} \tag{1.11}$$

この関数 $e^{i\theta}$ を使用することにより，式 (1.7) の形で表された複素数 z は

$$z = re^{i\theta} \tag{1.12}$$

と書け，これを複素数 z の**極形式**という．複素数をこの極形式で表すと，複素数の積は

$$\begin{aligned}z_\alpha z_\beta &= r_\alpha e^{i\alpha} \cdot r_\beta e^{i\beta} \\ &= r_\alpha r_\beta e^{i(\alpha+\beta)}\end{aligned} \tag{1.13}$$

と，たいへん簡潔に表すことができる．なお，先ほど式 (1.9) で定義した

$$e^{i\theta} \stackrel{\text{def}}{=} \cos\theta + i\sin\theta \tag{1.14}$$

を**オイラー（Euler）の公式**と呼ぶ．

また，オイラーの公式から，つぎの式が導かれる。

$$(\cos\theta + i\sin\theta)^n = \cos n\theta + i\sin n\theta \tag{1.15}$$

これがいわゆる**ド・モアブル**（De Moivre）**の公式**である。

ここで，$e^{i\theta}$ の複素共役 $\overline{e^{i\theta}}$ を考えよう。式 (1.14) の定義により，その複素共役をとると

$$\begin{aligned}
\overline{e^{i\theta}} &= \overline{\cos\theta + i\,\sin\theta} \\
&= \cos\theta - i\,\sin\theta \\
&= \cos(-\theta) + i\,\sin(-\theta) \\
&= e^{i(-\theta)}
\end{aligned} \tag{1.16}$$

となる。ここで，式 (1.14) の定義と同様に

$$e^{-i\theta} \stackrel{\text{def}}{=} \cos\theta - i\sin\theta \tag{1.17}$$

を導入することにより，$e^{i\theta}$ の複素共役として

$$\overline{e^{i\theta}} = e^{-i\theta} \tag{1.18}$$

の結果を得ることができる。

1.2 複素数の幾何学的意味

複素数 $z = x + iy$ を表す複素平面において，その加減乗除の四則演算を考えよう。複素数 z を表す点 z を考えたとき，$-z$ は原点に対して対称な点であり，原点に対する z の**鏡像**である。また，$\bar{z}$ を x 軸（実数軸）に対して対称な点と定義すると，$\bar{z}$ は実数軸に対する z の鏡像である。

1.2.1 実 数 倍

a を実数とし，z に対して az を考える。極形式 $z = re^{i\theta}$ で考えると，$az = are^{i\theta}$ となるので，$a > 0$ のときは偏角 θ は同じままで，絶対値だけが a 倍される。

$a < 0$ のときは $az = -|a|z$ であるので, $a > 0$ のときとは原点に対して対称,すなわち原点に関して鏡像となる(あるいは絶対値は $a > 0$ のときと同じで,偏角が π だけ増えたともいえる)。

1.2.2 和 と 差

二つの複素数 $z_1 = x_1 + iy_1$, $z_2 = x_2 + iy_2$ の和と差を考えると

$$z_1 \pm z_2 = x_1 \pm x_2 + i(y_1 \pm y_2) \tag{1.19}$$

となり,複素平面上において,いわゆるベクトルの和と差と同じ図が描ける。

1.2.3 積 と 商

二つの複素数 $z_1 = r_1 e^{i\theta_1}$, $z_2 = r_2 e^{i\theta_2}$ の積と商を考える。積は

$$z_1 \cdot z_2 = r_1 r_2 e^{i(\theta_1 + \theta_2)} \tag{1.20}$$

となる。すなわち,z_1 に z_2 を掛けるということは,z_1 側から見れば,その大きさ(絶対値)を r_2 倍し,偏角 θ_1 を θ_2 だけ増すことになる。z_2 側から見た場合も同様の議論ができる。これらの関係を図示すると図 **1.2** のようになる。影を施した △O-1-z_1 と △O-z_2-z_1z_2 は相似形になっている(△O-z_2-z_1z_2 は △O-1-z_1 の r_2 倍になっている)。

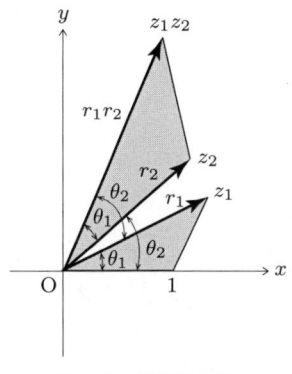

図 **1.2** 複素数の積

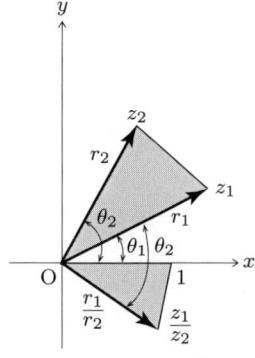

図 **1.3** 複素数の商

商は

$$\frac{z_1}{z_2} = \frac{r_1}{r_2} e^{i(\theta_1 - \theta_2)} \tag{1.21}$$

となる．すなわち，z_1 を z_2 で割るということは，z_1 側から見れば，その大きさ（絶対値）r_1 を r_2 で割り，偏角 θ_1 から θ_2 を減ずることになる．z_2 側から見た場合も同様の議論ができる．これらの関係を図示すると**図 1.3** のようになり，影を施した $\triangle$O-z_1-z_2 と $\triangle$O-1-z_1/z_2 とが相似形になっている（$\triangle$O-1-z_1/z_2 は $\triangle$O-z_1-z_2 の $1/r_2$ 倍になっている）．

1.3 複素数による直線の方程式の表現

複素平面上の 2 点 z_1，z_2 を通る直線の方程式は，これら 2 点を結ぶ直線上のある点を z とすると，k を任意の実数として，$z - z_1 = k(z_2 - z_1)$ と表される．z について整理すれば

$$z = (1-k)z_1 + kz_2 \tag{1.22}$$

と表される．また，式 (1.22) とその共役の式

$$\overline{z} = (1-k)\overline{z_1} + k\overline{z_2} \tag{1.23}$$

から k について整理すると，つぎのように表せる．

$$k = \frac{z - z_1}{z_2 - z_1} = \frac{\overline{z} - \overline{z_1}}{\overline{z_2} - \overline{z_1}} \tag{1.24}$$

さらに，この式を変形すると，つぎの式が得られる．

$$(\overline{z_2} - \overline{z_1})z - z_1\overline{z_2} = (z_2 - z_1)\overline{z} - \overline{z_1}z_2$$

ここで，$\overline{z_2} - \overline{z_1} = -i\overline{c}$，$z_2 - z_1 = i\overline{c}$，$z_1\overline{z_2} - \overline{z_1}z_2 = iA$ と置くと

$$cz + \overline{cz} + A = 0 \quad (c: 複素数，A, a, b: 実数) \tag{1.25}$$

となる。これが複素数を用いて表す**直線の方程式**である。式 (1.25) の c に $a - ib$ を代入して整理すると（$\bar{c}$ には $a + ib$ を代入する）

$$2ax + 2by + A = 0 \tag{1.26}$$

となり，確かに直線の方程式を表していることがわかる。

1.4 複素数による円の方程式の表現

点 z_0 を中心とする半径 R の円の方程式は，$|z - z_0| = R$ より

$$(z - z_0)\overline{(z - z_0)} = R^2 \tag{1.27}$$

と表され，つぎのように書き換えられる。

$$z\bar{z} - \overline{z_0}z - z_0\bar{z} + z_0\overline{z_0} = R^2 \tag{1.28}$$

この式を xy 座標で表すと，$(x - x_0)^2 + (y - y_0)^2 = R^2$ となっており，確かに点 $z(x_0, y_0)$ を中心とした半径 R の円を表す。ここで，$z_0 = -\bar{c}$，$z_0\overline{z_0} - R^2 = A$（実数）と置くと

$$z\bar{z} + cz + \overline{cz} + A = 0 \quad (A < |c|^2) \tag{1.29}$$

となる。これが複素数で表した**円の方程式**の一般形であり，直線の方程式の場合の式 (1.25) に対応している。もちろん，極形式でつぎのように簡単に表すこともできる。

$$z - z_0 = Re^{i\theta} \tag{1.30}$$

1.4.1 円に関する鏡像

10 章でも述べるが，流体力学で重要な概念に**鏡像**がある。この概念を利用すると，流れを表現する種々の特異点を流体中に配置し，それらの円に対する鏡像を求めることで，円柱周りのさまざまな流れを記述することができるようになる。

8   1. 複素数の基礎

その準備として，ここでは特に，最も重要な円に対する鏡像の基本概念について述べる。

図 1.4 に示すように，中心 O，半径 R の複素平面上の円 K を考える。中心 O から出る一つの半直線上に 2 点 P, P' があって，$\overline{\mathrm{OP}} \cdot \overline{\mathrm{OP'}} = R^2$ の関係が成り立つとき，これら 2 点 P, P' は円 K に関して，たがいに鏡像であるという。

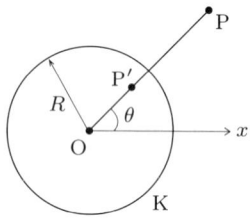

図 1.4 円に関する鏡像

O を原点とし，P, P' を表す複素数をそれぞれ z, z' とすると，両者とも同一直線上にあるので，その偏角は等しく

$$z = re^{i\theta}, \quad z' = r'e^{i\theta} \tag{1.31}$$

と書ける。$\overline{\mathrm{OP}} \cdot \overline{\mathrm{OP'}} = R^2$ の関係は $rr' = R^2$ となるので

$$\bar{z}z' = re^{-i\theta} \cdot r'e^{i\theta} = rr' = R^2$$

などの式より

$$z' = \frac{R^2}{\bar{z}} \tag{1.32}$$

を得る。もし円 K の中心が原点でなく点 z_0 にあるなら

$$z' - z_0 = \frac{R^2}{\overline{z - z_0}} \tag{1.33}$$

となる。いま円 K と図形 F が与えられたとき，これらの操作により，円 K に対する図形 F の鏡像の図形 F' が得られることになる。

1.4.2 直線の円に関する鏡像

いま,簡単のため円 K の中心が原点にあるとする。すなわち,式 (1.33) において $z_0 = 0$ であるので

$$z = \frac{R^2}{\overline{z'}}, \quad \overline{z} = \frac{R^2}{z'} \tag{1.34}$$

となる。ここでは,元の図形 F として,直線を考える。直線の方程式は一般に式 (1.25) にあるように

$$cz + \overline{cz} + A = 0 \tag{1.35}$$

で与えられるので,この式に先ほどの鏡像の関係(式 (1.34))を代入することにより,つぎの式が得られる。

$$Az'\overline{z'} + R^2 cz' + R^2 \overline{c}\,\overline{z'} = 0 \tag{1.36}$$

これが直線の方程式に対する鏡像の式であるが,この式を見るとわかるように $z' = 0$,すなわち原点を通る。$A \neq 0$ の場合は式 (1.29) の形,すなわち円になる。一方,$A = 0$ の場合は直線の方程式 (1.25) と同じ,すなわち直線になる。式 (1.25) からわかるように,$A = 0$ の場合はその直線が原点 ($z = 0$),すなわち円の中心を通ることを意味している。

これらをまとめると,一般に直線の円に関する鏡像は円となり,それは原点を通る。特別な場合として,直線がその円の中心を通る場合は,その鏡像は同じく直線のままであり,それらは一致する。

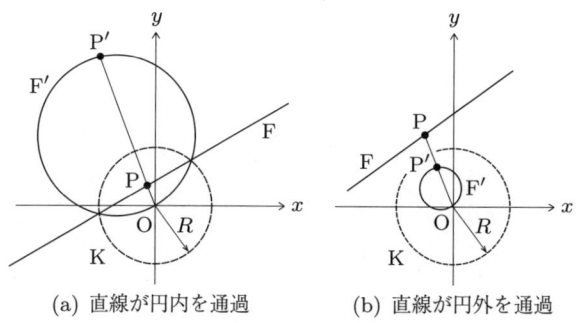

(a) 直線が円内を通過　　(b) 直線が円外を通過

図 1.5　直線の円に対する鏡像

10　1. 複素数の基礎

図 **1.5** にその例を示す。直線の鏡像である円が原点を通ることが示されており、かつ、式 (1.34) より $\overline{\mathrm{OP}} \cdot \overline{\mathrm{OP'}} = R^2$ の関係がある。

1.4.3　円の円に関する鏡像

1.4.2 項と同様に、円 K の中心が原点にあるとする。ここでは元の図形 F として円を考える。円の方程式は、式 (1.29) により

$$z\bar{z} + cz + \bar{c}\bar{z} + A = 0 \tag{1.37}$$

と与えられる。そこで、先ほどの鏡像の関係（式 (1.34)）

$$z = \frac{R^2}{\bar{z'}}, \quad \bar{z} = \frac{R^2}{z'}$$

を元の図形 F（円）の式 (1.37) に代入すると、鏡像 F' の式は

$$Az'\overline{z'} + R^2 cz' + R^2 \bar{c}\overline{z'} + R^2 = 0 \tag{1.38}$$

となる。

$A \neq 0$ の場合は式 (1.29) の形、すなわち円になる。一方、$A = 0$ の場合は直線の方程式 (1.25) と同じ、すなわち直線になる。また、元の図形 F の円は、$A = 0$ の場合、式 (1.37) より $z = 0$ すなわち原点を通る。言い換えると、原点を通る円の鏡像は直線となるのである。このことは図 1.5 からも類推でき、元の像とその鏡像との関係が入れ替わっていることに相当する。

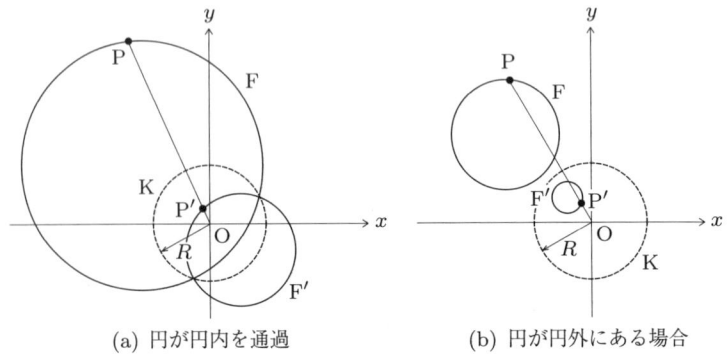

(a) 円が円内を通過　　　　(b) 円が円外にある場合

図 **1.6**　円の円に対する鏡像

これらをまとめると，円の円に関する鏡像は一般に円となるが，その円が元の円 K の中心を通る場合は，その鏡像は直線となる。

図 **1.6** にその例を示す。式 (1.34) からわかるように，いずれも $\overline{OP}\cdot\overline{OP'} = R^2$ の関係がある。

1.5　複素変数の関数

これまでに複素数の基礎を学んできた。ここでは，複素変数 z の関数 w をつぎのように表す。

$$w = F(z) \tag{1.39}$$

z, w はそれぞれ実数部と虚数部とに分解して

$$z = x + iy, \quad w = f(x, y) + ig(x, y) \tag{1.40}$$

と表すことができる。すなわち，1 変数の複素関数は 2 変数 $f(x, y)$，$g(x, y)$ の二つの実関数を用いて表すことができる。複素関数の連続性の議論も重要であるが，これについては他の専門書に委ねる。

1.5.1　複素関数の微分可能性

複素関数 $w = F(z)$ の微分可能性は，形式的には実関数の場合とまったく同様に定義される。すなわち

$$F'(z_0) = \lim_{\Delta z \to 0} \frac{F(z_0 + \Delta z) - F(z_0)}{\Delta z} = \lambda \tag{1.41}$$

と表し，この極限操作が値 λ（一般的には複素数）を持つとき，定数 λ を $z = z_0$ における $F(z)$ の**微分係数**と呼び，記号 $F'(z_0)$ で表す。この関数の微分法については，実関数の場合と同様の公式が成り立つ。

この微分可能性に関し，複素関数 $w = F(z)$ が領域 D の各点で微分可能であるとき，$F(z)$ は領域 D で**正則**であるという。

さて，それでは微分可能であるための必要十分条件を求めてみよう。式 (1.41) により

$$dw = dF = \lambda dz \tag{1.42}$$

と表される。式 (1.40) より，$f(x,y)$，$g(x,y)$ が全微分可能であれば

$$dw = df + idg = \frac{\partial f}{\partial x}dx + \frac{\partial f}{\partial y}dy + i\left(\frac{\partial g}{\partial x}dx + \frac{\partial g}{\partial y}dy\right) \tag{1.43}$$

と表され，かつ，λ は複素数なので実数 λ_1, λ_2 を使って，$\lambda = \lambda_1 + i\lambda_2$ となる。これらの関係式を式 (1.42) に代入すると，つぎの式が得られる。

$$\frac{\partial f}{\partial x}dx + \frac{\partial f}{\partial y}dy + i\left(\frac{\partial g}{\partial x}dx + \frac{\partial g}{\partial y}dy\right)$$
$$= \lambda_1 dx - \lambda_2 dy + i(\lambda_2 dx + \lambda_1 dy) \tag{1.44}$$

これらの両辺を比較することにより，複素数 $F(z)$ の微分係数 $\lambda = \lambda_1 + i\lambda_2$ が求められる。すなわち

$$\text{実数部より} \quad \lambda_1 = \frac{\partial f}{\partial x}, \quad \lambda_2 = -\frac{\partial f}{\partial y} \tag{1.45}$$

$$\text{虚数部より} \quad \lambda_2 = \frac{\partial g}{\partial x}, \quad \lambda_1 = \frac{\partial g}{\partial y} \tag{1.46}$$

の存在を示している。したがって

$$\frac{\partial f}{\partial x} = \frac{\partial g}{\partial y}, \quad \frac{\partial f}{\partial y} = -\frac{\partial g}{\partial x} \tag{1.47}$$

が成り立つことを示している。これを**コーシー・リーマン**（Cauchy-Riemann）**の微分方程式**という。以上をまとめよう。

複素関数の微分可能性

複素関数 $w = F(z)$ が $z = z_0$ で微分可能であるための必要十分条件は，その実数部 $f(x,y)$ と虚数部 $g(x,y)$ が x, y の関数としてその点で全微分可能で，かつ，**コーシー・リーマンの微分方程式**を満足することである。

式 (1.47) は，つぎのように別の表現ができる。$dw/dz = F'(z) = \lambda = \lambda_1 + i\lambda_2$ であるので，式 (1.45)，(1.46) の λ_1, λ_2 をそれぞれ代入すると

1.5 複素変数の関数

$$\frac{dw}{dz} = \lambda = \frac{\partial f}{\partial x} - i\frac{\partial f}{\partial y}$$
$$= \frac{\partial g}{\partial y} + i\frac{\partial g}{\partial x}$$

となり，式 (1.47) の 2 式目を使用して，つぎのように変形することができる．

$$\lambda = \frac{\partial f}{\partial x} + i\frac{\partial g}{\partial x} = \frac{\partial g}{\partial y} - i\frac{\partial f}{\partial y}$$
$$= \frac{1}{i}\left(\frac{\partial f}{\partial y} + i\frac{\partial g}{\partial y}\right)$$

ここで，$w = f + ig$ なので，結局つぎのようにまとめられる．

$$\frac{dw}{dz} = \frac{\partial w}{\partial x} = \frac{1}{i}\frac{\partial w}{\partial y} \tag{1.48}$$

これで先ほどの式 (1.47) で与えられた二つの式を一つの式にまとめることができる．これもまた**コーシー・リーマンの微分方程式**の別表現である．

式 (1.48) はつぎのようにしても求められる．いままでの議論から

$$\frac{dw}{dz} = \frac{\partial w}{\partial x}\frac{dx}{dz} + \frac{\partial w}{\partial y}\frac{dy}{dz}$$
$$= \frac{\partial w}{\partial x}\frac{dx}{dx + idy} + \frac{\partial w}{\partial y}\frac{dy}{dx + idy}$$
$$= \frac{\partial w}{\partial x}\frac{1}{1 + i\frac{dy}{dx}} + \frac{\partial w}{\partial y}\frac{\frac{dy}{dx}}{1 + i\frac{dy}{dx}}$$

となるが，これを整理して

$$\frac{dw}{dz} - \frac{\partial w}{\partial x} + i\left(\frac{dw}{dz} - \frac{1}{i}\frac{\partial w}{\partial y}\right)\frac{dy}{dx} = 0 \tag{1.49}$$

を得る．複素関数 $w = F(z)$ が微分可能であるということは，その値が dz の方向に関係なく決まるということなので，上式が dy/dx によらず成り立つことと等価である．すなわち

$$\frac{dw}{dz} = \frac{\partial w}{\partial x} = \frac{1}{i}\frac{\partial w}{\partial y} \tag{1.50}$$

が成り立つことが必要であり，先ほどのコーシー・リーマンの微分方程式（式 (1.48)）に一致する．

つぎに，このコーシー・リーマンの微分方程式を，複素数を用いて表してみよう．その準備として

$$\left.\begin{aligned}
z &= x + iy, & \bar{z} &= x - iy, \\
x &= \frac{1}{2}(z + \bar{z}), & y &= \frac{1}{2i}(z - \bar{z}), \\
\frac{\partial}{\partial x} &= \frac{\partial}{\partial z} + \frac{\partial}{\partial \bar{z}}, & \frac{\partial}{\partial y} &= i\left(\frac{\partial}{\partial z} - \frac{\partial}{\partial \bar{z}}\right), \\
\frac{\partial}{\partial z} &= \frac{1}{2}\left(\frac{\partial}{\partial x} - i\frac{\partial}{\partial y}\right), & \frac{\partial}{\partial \bar{z}} &= \frac{1}{2}\left(\frac{\partial}{\partial x} + i\frac{\partial}{\partial y}\right)
\end{aligned}\right\} \quad (1.51)$$

等々の関係式を用意する．

式 (1.47) より，コーシー・リーマンの微分方程式はつぎのように変形できる．

$$\frac{\partial f}{\partial x} + i\frac{\partial f}{\partial y} = \frac{\partial g}{\partial y} - i\frac{\partial g}{\partial x} = -i\left(\frac{\partial g}{\partial x} + i\frac{\partial g}{\partial y}\right)$$

$$\left(\frac{\partial}{\partial x} + i\frac{\partial}{\partial y}\right)f = -i\left(\frac{\partial}{\partial x} + i\frac{\partial}{\partial y}\right)g$$

$$\left(\frac{\partial}{\partial x} + i\frac{\partial}{\partial y}\right)(f + ig) = 0 \quad (1.52)$$

この式に先ほどの関係式（式 (1.51)）を用いると，コーシー・リーマンの微分方程式は，結局つぎのように簡潔に表現することができる．

$$\frac{\partial w}{\partial \bar{z}} = 0 \quad (1.53)$$

先ほど，$w = F(z)$ と関数 F は z のみの関数としたが，確かに，この式の意味するところにより，変数 $\bar{z}$ を含んでないことを示している．すなわち，独立変数 x, y から独立変数 $z, \bar{z}$ への変換を施したわけであるが，変換の結果，独立変数 $\bar{z}$ が含まれず，独立変数 z のみの式になることを保証している．これがコーシー・リーマンの微分方程式の本質である．

1.5.2 複素数の指数関数

指数関数について，ここでは本書で用いる点についてのみ簡単に記す．微分や積分に関しては実数の場合と同様であるが，それらを踏まえて指数部に複素

数 z を含む場合，$e^z = e^{x+iy}$ やオイラーの公式を用いて，つぎのように定義する．

$$e^z \stackrel{\text{def}}{=} e^x(\cos y + i \sin y) \tag{1.54}$$

このことにより，実数のときと同じような計算操作が可能となる．注意しなければならないのは，定義式を見るとわかるように，e^z が周期関数であることである．すなわち

$$e^z = e^{z+k\cdot 2\pi i} \ (k：整数), \quad 特に \ e^{k\cdot 2\pi i} = 1 \tag{1.55}$$

であるので，e^z は $2\pi i$ を周期とする周期関数である．

1.5.3　複素数の三角関数

三角関数については，式 (1.14) のオイラーの公式より

$$\sin x = \frac{e^{ix} - e^{-ix}}{2i}, \quad \cos x = \frac{e^{ix} + e^{-ix}}{2} \tag{1.56}$$

が示されているので，任意の複素数 z に対する $\sin z$，$\cos z$ をつぎのように定義する．

$$\sin z \stackrel{\text{def}}{=} \frac{e^{iz} - e^{-iz}}{2i}, \quad \cos z \stackrel{\text{def}}{=} \frac{e^{iz} + e^{-iz}}{2} \tag{1.57}$$

これらの微分，積分，三角関数の公式等々も，指数関数と同じく実数の場合と同様である．

1.5.4　複素数の n 乗根

複素数 z と自然数 n が与えられたとき，$w^n = z$ を満たす複素数 w を z の **n 乗根**という．w と z を極形式で表し，つぎのように

$$w = \rho e^{i\phi}, \quad z = re^{i\theta} \tag{1.58}$$

とすると，$w^n = \rho^n e^{in\phi}$ と表せるので

$$r = \rho^n, \quad n\phi = \theta + 2k\pi \quad (k: 整数) \tag{1.59}$$

となる。ただし，ここでは $z \neq 0$ である。したがって

$$\rho = \sqrt[n]{r}, \quad \phi = \frac{\theta}{n} + \frac{2k\pi}{n} \quad (k: 整数) \tag{1.60}$$

を得る。言い換えると，z の n 乗根は，絶対値 $\sqrt[n]{r}$，偏角 $\theta/n + k \cdot 2\pi/n$（$k$：整数）のすべての複素数である。

これを複素平面上で考えると，つぎのようになる。$z = re^{i\theta}$ の n 乗根 w のすべての値は，図 **1.7** に示すように，原点を中心とする半径 $\sqrt[n]{r}$ の円周上にあり，偏角 θ/n をもとにすると，それから偏角を順次 $2\pi/n$ ずつ増減させて得られる点のすべてである。すなわち，円周を n 等分する n 個の点

$$w_k = \sqrt[n]{r} e^{i(\theta + 2k\pi)/n} \quad (k = 0, 1, 2, \cdots, n-1) \tag{1.61}$$

である。

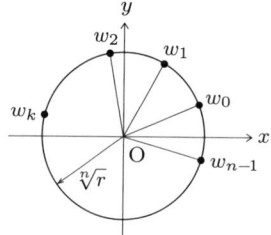 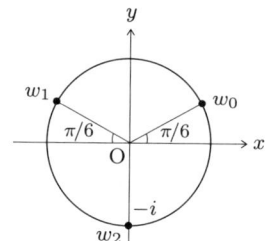

図 **1.7** $z = re^{i\theta}$ の n 乗根 w　　　図 **1.8** i の 3 乗根 w

つぎに i の 3 乗根の例を示す。i を極形式で表すと $i = 1 \cdot e^{i\pi/2}$ であるので

$$w_k = \sqrt[3]{1} e^{i(\pi/2 + 2k\pi)/3} = e^{i(\pi/6 + 2k\pi/3)} \tag{1.62}$$

となる。すなわち，半径 1 の円周を 3 等分する 3 点でそれぞれつぎのようになる（図 **1.8**）。

$$w_0 = e^{i(\pi/6)} = \cos(\pi/6) + i\sin(\pi/6)$$
$$w_1 = e^{i(5\pi/6)} = \cos(5\pi/6) + i\sin(5\pi/6)$$

$$w_2 = e^{i(9\pi/6)} = \cos(9\pi/6) + i\sin(9\pi/6)$$

$$w_3 = e^{i(13\pi/6)} = \cos(13\pi/6) + i\sin(13\pi/6) = w_0$$

結局

$$w_0 = \frac{i+\sqrt{3}}{2}, \quad w_1 = \frac{i-\sqrt{3}}{2}, \quad w_2 = -i \tag{1.63}$$

という3点がiの3乗根のすべてである。

1.5.5 複素数の対数関数

$e^w = z$という関数の逆関数としてwを定義し，zの複素関数と考えるとき，それを複素数の**対数関数**と呼び

$$w = \log z \tag{1.64}$$

と表す。

いま，wを実数部uと虚数部vとに分けて$w = u + iv$と表すと，$e^w = e^u e^{iv}$となるので，極形式$z = re^{i\theta}$での表示を考えると

$$z = re^{i\theta} = e^w = e^u e^{iv} \tag{1.65}$$

となる。したがって

$$r = e^u, \quad v = \theta + 2k\pi \quad (k:整数) \tag{1.66}$$

が得られる。これらを先ほどの式$w = u + iv$に代入することにより

$$\log z = \log r + i\theta + 2k\pi i \quad (k:整数) \tag{1.67}$$

となる。これはつぎのようにも書き表せる。

$$\log z = \log|z| + i\arg z \tag{1.68}$$

$\arg z$は上に示されているように，$2k\pi$の不定性があるので，$w = \log z$は**無限多価関数**である。この幾何平面（w平面）は**リーマン面**と呼ばれる。$w = \log z$

のリーマン面は無限に伸びた螺旋階段のような構造を有している。すなわち，2π ごとに元の場所に戻るが同じ値をとることにはならない。その意味で**無限多価関数**である。

微分に関しては，その詳細は省くが，実関数と同様

$$\frac{d}{dz}\log z = \frac{1}{z} \tag{1.69}$$

となる。

1.6　複素関数の積分

複素関数 $f(z)$ の積分は一般に，**積分路**と呼ばれる正則な曲線

$$C: \quad z = \phi(t) \quad (a \leq t \leq b) \tag{1.70}$$

に沿っての積分であり（C に沿う**線積分**という），つぎのように定義される。

$$\int_C f(z)dz = \int_a^b f(\phi(t))\phi'(t)dt \tag{1.71}$$

ただし，$f(z)$ は連続，曲線 C は $f(z)$ の定義域内にあるものとする。当然のことながら，それは，C 上における $f(z)$ の値と C に沿っての z の微分，すなわち，$f(z) = f(\phi(t))$ と $dz = \phi'(t)dt$ の積 $f(z)dz = f(\phi(t))\phi'(t)dt$ の合計である。

理解のために，以下に例題を記す。この例題では，後にたいへん重要な関数として挙げられる $1/z$ を例として示す。

例題 1.1　($1/z$ の積分)

図 **1.9** に示すように，単位円周上を「正」の向きに 1 から -1 に向かう半円 C_1 に沿って，また，単位円周上を「負」の向きに 1 から -1 に向かう半円 C_2 に沿って，それぞれ関数 $1/z$ を積分してみよう。

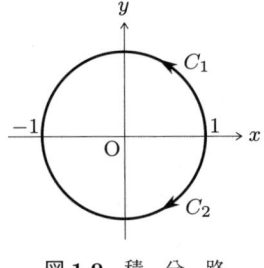

図 1.9　積　分　路

【解答】　積分路はそれぞれ

$C_1:\quad z = e^{i\theta} \quad (0 \leqq \theta \leqq \pi)$

$C_2:\quad z = e^{i\theta} \quad (-\pi \leqq \theta \leqq 0)$

であるので

$$\int_{C_1} \frac{dz}{z} = \int_0^{\pi} \frac{1}{e^{i\theta}} \cdot ie^{i\theta} d\theta = \pi i$$

$$\int_{C_2} \frac{dz}{z} = \int_0^{-\pi} \frac{1}{e^{i\theta}} \cdot ie^{i\theta} d\theta = -\pi i$$

となる。　　　　　　　　　　　　　　　　　　　　　　　　　◇

このように点 $(1,0)$ から点 $(-1,0)$ まで線積分するとき，その積分路のとり方によって，積分の値が異なる場合があることに注意しなければならない。もちろん，その被積分関数によっては同じになる場合もある。例題 1.1 で積分の値が異なったのは，被積分関数 $1/z$ が $z=0$ で発散する，すなわち，原点にその特異性を有するためである。この例題はその特異点の周りを回る際に「左右」どちら側に特異点を見て線積分するかによって値が異なってくることを示している。

つぎに，よく使われる積分の性質を以下にまとめておく。

$$\int_{-C} f(z)dz = -\int_C f(z)dz \tag{1.72}$$

$$\int_{C_1+C_2} f(z)dz = \int_{C_1} f(z)dz + \int_{C_2} f(z)dz \tag{1.73}$$

20   1. 複 素 数 の 基 礎

$$\left|\int_C f(z)dz\right| \leqq ML \tag{1.74}$$

ただし，$-C$ は曲線 C の逆向きを意味し，曲線 C_1 の終点と曲線 C_2 の始点が一致しているとき，C_1 のあとに C_2 をつなげてできる曲線が $C_1 + C_2$ である。また，M は曲線 C 上での $|f(z)|$ の最大値であり，L は曲線 C の長さである。これらの証明は多くの関数論の教科書に述べられているので，そちらを参照されたい。

1.7　コーシーの積分定理

前節では複素関数の線積分について述べた。$f(z)$ が正則な関数の場合，つぎのような非常に重要な定理が成り立つ。

定理 1.1　(コーシーの積分定理)

$f(z)$ が閉曲線 C で囲まれた領域 D で正則で，かつ，領域と境界 $D+C$ で連続であるならば

$$\int_C f(z)dz = 0 \tag{1.75}$$

が成り立つ。

この定理に関する証明は付録 A.3 を参照してほしいが，一つ注意しておくことは，関数 $f(z)$ が正則であることである。すなわち，コーシー・リーマンの微分方程式が成り立っていることを忘れてはならない。また，正則な関数であることとしているので，$D+C$ には特異点がないことが条件である。

前節の例題 1.1 で示された $1/z$ は，原点にその特異性を有している。すなわち，原点におけるその微分は発散する。そのことを念頭に置き，**コーシーの積分定理**を適用しようとすると，領域 D（積分路 C：半径 1 の円）には正則でない点（原点）が含まれているので，成り立たないことになる。事実，つぎの計

算がそれを示している．

$$\int_C \frac{dz}{z} = \int_0^{2\pi} \frac{1}{e^{i\theta}} \cdot i e^{i\theta} d\theta = 2\pi i \neq 0$$

1.8　コーシーの積分公式

図 **1.10** に示すように，閉曲線 C で囲まれている領域および周で $f(z)$ が正則であるとする．いま，$\dfrac{f(z)}{z-a}$ を考えると，閉曲線 C と K の間の領域では正則である．ただし，境界 K は領域 C に含まれ，かつ，その中心を a とする円であるとする．

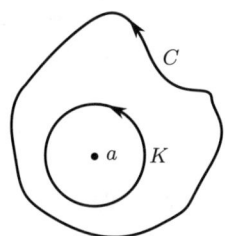

図 **1.10**　積　分　路

コーシーの積分定理により

$$\int_C \frac{f(z)}{z-a}dz = \int_K \frac{f(z)}{z-a}dz \tag{1.76}$$

が成り立つ．K の半径を r とすれば，積分路 K は

$$K: \quad z = a + re^{i\theta} \quad (0 \leq \theta \leq 2\pi)$$

と表現できるので

$$\begin{aligned}
\int_K \frac{f(z)}{z-a}dz &= \int_0^{2\pi} \frac{f(a+re^{i\theta})}{re^{i\theta}} i r e^{i\theta} d\theta \\
&= i\int_0^{2\pi} f(a+re^{i\theta})d\theta \\
&\to 2\pi i f(a) \quad (r \to 0)
\end{aligned} \tag{1.77}$$

となり，結局つぎの式を得る。

$$\int_C \frac{f(z)}{z-a}dz = 2\pi i f(a) \tag{1.78}$$

これらより，つぎの定理を得る。

定理 1.2 (コーシーの積分公式)

$f(z)$ が閉曲線 C で囲まれた領域 D，かつ，周上で正則であるならば，C の内部の任意の点 a における値 $f(a)$ は，C 上の $f(z)$ の値だけと，a を用いて，つぎのように表せる。

$$f(a) = \frac{1}{2\pi i} \int_C \frac{f(z)}{z-a}dz \tag{1.79}$$

すなわち，境界上の関数値 $f(z)$ を与えるだけで領域内の各点での関数値 $f(a)$ が決まるという重要な性質がある。

1.9 留 数 定 理

ここでは，複素関数 $f(z)$ の積分路 C に関する線積分の値を求めるにあたり，たいへん重要な留数定理について簡潔に記述する。その詳細に関しては，関数論の専門書を参照されたい。

関数 $f(z)$ が点 a で正則ではなく，a を中心とする適当な円 $|z-a|=r$ を描き，$0 < |z-a| < r$ という領域のすべての点 z で $f(z)$ が正則になる場合，a を $f(z)$ の孤立特異点と呼ぶ。例えば，つぎの関数

$$f(z) = \frac{1}{(z-1)(z^2+1)}$$

は，3 点 $1, \pm i$ を除いた全領域で正則であり，それらの 3 点では定義されていない。この場合，この 3 点 $1, \pm i$ を孤立特異点という。

以上のことを念頭に置き，複素関数 $f(z)$ の級数展開を考える。それはローラン展開と呼ばれるものであり，テイラー展開を拡張したものである。つまり，

テイラー展開では展開の中心でその関数は正則であるが，それを正則でない場合，すなわち孤立特異点の場合にも適用できるように拡張したものである。

関数 $f(z)$ のローラン展開は，コーシーの積分公式を用いて証明でき，結果的にはつぎのように与えられる。

$$f(z) = [A_0 + A_1(z-a) + A_2(z-a)^2 + \cdots] + \left[\frac{A_{-1}}{z-a} + \frac{A_{-2}}{(z-a)^2} + \cdots\right]$$

$$= \cdots + \frac{A_{-2}}{(z-a)^2} + \frac{A_{-1}}{z-a} + A_0 + A_1(z-a) + A_2(z-a)^2 + \cdots$$

$$= \sum_{n=-\infty}^{\infty} A_n(z-a)^n \tag{1.80}$$

ここで，係数 A_n はつぎの式で与えられる。

$$A_n = \frac{1}{2\pi i} \int_K \frac{f(z)}{(z-a)^{n+1}} dz \quad (n = 0, \pm 1, \pm 2, \cdots) \tag{1.81}$$

なお，ここでは a が孤立特異点であり，中心 a，半径 $< r$ の円の内側の領域 K を考えている。

例題 1.2 (ローラン展開の例)

$\dfrac{1}{z(z-1)^2}$ について，特異点 1 ($|z-1|<1$) を中心とするローラン展開と特異点 0 ($0<|z|<1$) を中心とするローラン展開を示そう。

【解答】 特異点 1 (ただし，$|z-1|<1$) を中心とするローラン展開は

$$\frac{1}{z(z-1)^2} = \frac{1}{(z-1)^2} \cdot \frac{1}{z}$$

$$= \frac{1}{(z-1)^2} \cdot \frac{1}{1+(z-1)}$$

$$= \frac{1}{(z-1)^2} \cdot \{1 - (z-1) + (z-1)^2 - \cdots\}$$

$$= \frac{1}{(z-1)^2} - \frac{1}{z-1} + 1 - (z-1) + (z-1)^2 - \cdots$$

（ただし，$0 < |z-1| < 1$）

となり，特異点 0 ($0<|z|<1$) を中心とするローラン展開は

$$\frac{1}{z(z-1)^2} = \frac{1}{z} \cdot \{1 + 2z + 3z^2 + 4z^3 + \cdots\}$$

24   1. 複 素 数 の 基 礎

$$= \frac{1}{z} + 2 + 3z + 4z^2 + \cdots$$
（ただし，$0 < |z| < 1$）

となる。   ◇

　この例題に示されているように，その関数が特異点を複数持つ場合，どの特異点の周りでローラン展開を行うかでその結果は異なる。

　以上の議論を踏まえ，関数 $f(z)$ の孤立特異点 a におけるローラン展開，すなわち式 (1.80) で，係数 A_{-1} を a における $f(z)$ の**留数** (residue) といい，Res(a) と表す。式 (1.81) で $n = -1$ と置くことにより

$$\int_K f(z)dz = 2\pi i \mathrm{Res}(a) \tag{1.82}$$

を得る。ただし，K は a を中心とする円で，点 a を除けば，K の周および内部で関数 $f(z)$ は正則であるとする。これを一般化することにより，つぎのように**留数定理**が得られる。

定理 1.3　（留数定理）

　閉曲線 C の内部にある特異点 $a_1, a_2, \cdots, a_n$ を除き，C の周および内部で関数 $f(z)$ が正則であるならば

$$\int_C f(z)dz = 2\pi i[\mathrm{Res}(a_1) + \mathrm{Res}(a_2) + \cdots + \mathrm{Res}(a_n)] \tag{1.83}$$

が成り立つ。

　この定理の証明はコーシーの積分定理を用いてできるが，関数論の多くの教科書に述べられているので，そちらを参照されたい。

　この留数を求めるのに便利な定理をつぎに示す。ただし，以下の式の右辺の極限値は必ず存在するわけではないことに，注意を要する。

定理 1.4

関数 $f(z)$ の孤立特異点 a に対し，つぎの式の右辺の極限値が存在すれば，その留数は次式で与えられる。

$$\mathrm{Res}(a) = \lim_{z \to a}(z-a)f(z) \tag{1.84}$$

2 速度ポテンシャルと流れ関数

本章では，2次元運動を考える。すなわち
- 3次元座標軸：x, y, z
- 3次元速度成分：u, v, w

において $w = 0$ の状態を考えると，流れ場は xy 平面に平行な2次元運動となる。

2.1 速度ポテンシャル

流れ場の速度成分 u, v が

$$u = \frac{\partial \phi}{\partial x}, \quad v = \frac{\partial \phi}{\partial y} \tag{2.1}$$

で与えられるとき，ϕ を**速度ポテンシャル**という。また，このように速度ポテンシャルによって速度成分が与えられるような流れを，**ポテンシャル流れ**という。

ここで，速度ポテンシャルによって与えられる u, v の式を，つぎの**渦度** ζ の式

$$\zeta = \mathrm{rot}\,\boldsymbol{u} = \nabla \times \boldsymbol{u} = \frac{\partial v}{\partial x} - \frac{\partial u}{\partial y} \quad (\text{ただし}, \boldsymbol{u} = (u, v)) \tag{2.2}$$

に代入すると

$\zeta = 0$：渦なし流れ

となる。すなわち

> 渦なし流れ → ポテンシャル流れ

の関係があり，連続の式 $\operatorname{div} \boldsymbol{u} = \dfrac{\partial u}{\partial x} + \dfrac{\partial v}{\partial y} = 0$ に代入すると，ラプラス方程式

$$\frac{\partial^2 \phi}{\partial x^2} + \frac{\partial^2 \phi}{\partial y^2} = 0 \tag{2.3}$$

が導かれる．ここで述べた速度ポテンシャル ϕ，渦度 ζ については，その意味を 2.3 節で示す．

2.2 流 れ 関 数

図 **2.1** に示すように，2 点 PQ 間を横切って流れる流量を考える．考えている領域に流体の湧き出す口や吸い込む口がなく，非圧縮性流体であれば，2 点 PQ 間を通過する流量は PQ の結び方によらない．なぜなら，弧 PAQ を横切ったものが，弧 PBQ を横切って流れなければならないからである．

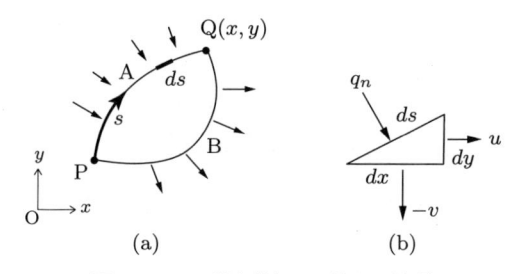

図 **2.1**　PQ 間を横切って流れる流量

点 P が定点ならば，流量は点 Q の位置により決定される．言い換えれば，流量は点 Q の関数である．

いま，2 点 PQ 間を左から右へ流れる流量を "+" として ψ とすれば，それは x, y の関数である．

ds の各軸への正射影を dx, dy とすれば，ds において速度成分を u, v と置けるので，線素 ds を横切って流れる流量は

$$q_n ds = u dy - v dx$$

となり，したがって，流量 ψ は

$$\psi = \int_P^Q q_n ds = \int_P^Q (udy - vdx) \tag{2.4}$$

となる．すなわち

$$d\psi = q_n ds = udy - vdx \tag{2.5}$$

である．一方，ψ の全微分は

$$d\psi = \frac{\partial \psi}{\partial x}dx + \frac{\partial \psi}{\partial y}dy \tag{2.6}$$

と表せるので，両辺を比較すると

$$u = \frac{\partial \psi}{\partial y}, \quad v = -\frac{\partial \psi}{\partial x} \tag{2.7}$$

となる．この ψ を**流れ関数**（stream function）という．

この ψ は連続の式（div $\boldsymbol{u} = 0$）を満たしていることがわかる．$w = 0$ なので

$$\text{div } \boldsymbol{u} = \frac{\partial u}{\partial x} + \frac{\partial v}{\partial y} = \frac{\partial}{\partial x}\left(\frac{\partial \psi}{\partial y}\right) - \frac{\partial}{\partial y}\left(\frac{\partial \psi}{\partial x}\right) = 0 \tag{2.8}$$

となる．また，これらの説明から $\psi = $ 一定の曲線，すなわち ψ の等値線（コンター）が**流線**（streamline）となる．つまり，2本の流線の ψ の値の差は，その間を通過する流量に等しく，ψ の値を一定間隔にして流線を描くと，流量の多いところは流線の間隔が密になる．

2.3　渦　　度

いま，速度 $\boldsymbol{u}$ と微分演算子 ∇ との外積 $\boldsymbol{\nabla} \times \boldsymbol{u}$（rot $\boldsymbol{u}$）を考え，それを ζ と置くと

$$\zeta = \text{rot } \boldsymbol{u} = \boldsymbol{\nabla} \times \boldsymbol{u} = \frac{\partial v}{\partial x} - \frac{\partial u}{\partial y} \tag{2.9}$$

が得られる。この式に $u = \partial\psi/\partial y$, $v = -\partial\psi/\partial x$ を代入し，さらに，もし非回転運動（$\zeta = 0$）ならば，ラプラス方程式

$$\frac{\partial^2 \psi}{\partial x^2} + \frac{\partial^2 \psi}{\partial y^2} = 0 \tag{2.10}$$

が導かれる。すなわち，速度ポテンシャル ϕ，流れ関数 ψ ともにラプラス方程式を満たすことになる（ϕ については，式 (2.3) を参照）。

つぎに，重要な物理量である**循環** Γ を，つぎのように導入する。循環 Γ は速度 $\boldsymbol{u}$ と線素 $d\boldsymbol{s}$ との内積で与えられ，次式のように表される。

$$\begin{aligned}
\Gamma &= \oint_C \boldsymbol{u} \cdot d\boldsymbol{s} = \oint udx + vdy \\
&= \iint \left(\frac{\partial v}{\partial x} - \frac{\partial u}{\partial y}\right) dxdy = \iint_A \zeta dA
\end{aligned} \tag{2.11}$$

循環 Γ は，**渦度** ζ と密接な関係がある。また，この物理量は物体に働く流体力と密接な関係があり，その理解は重要である。

ここでは式 (2.11) の変形に際し，**ストークスの定理**

$$\oint_C \boldsymbol{u} \cdot d\boldsymbol{s} = \iint_A \mathrm{rot}\, \boldsymbol{u} \cdot \boldsymbol{n}\, dA$$

を用いている。ここで，$\boldsymbol{n}$ は微小面積要素 dA の単位法線ベクトルである。

一方，すでに学習した速度ポテンシャル ϕ の性質より，つぎのことがわかる。$\phi = \phi(x, y)$ なので，これの全微分をとると

$$\begin{aligned}
d\phi &= \frac{\partial \phi}{\partial x}dx + \frac{\partial \phi}{\partial y}dy \\
&= udx + vdy
\end{aligned}$$

となり，式 (2.11) と比較して，循環 Γ はつぎのようにも表現できる。

$$\Gamma = \oint_C d\phi \tag{2.12}$$

すなわち，Γ は速度ポテンシャル ϕ の線積分であり，かつ，渦度 ζ の面積分であり，ストークスの定理の別表現と見ることもできる。

それでは，これから学ぶ複素速度ポテンシャル w と，いま求めた循環 Γ，速度ポテンシャル ϕ，流れ関数 ψ との相互関係はどのようなものであろうか。

次章で詳細に述べるように，複素速度ポテンシャル w は正則な関数であり

$$w = \phi + i\psi \tag{2.13}$$

と表されるので，これの全微分をとると

$$dw = d\phi + id\psi \tag{2.14}$$

となり，点 A から点 B(A) まで経路 C に沿って 1 周線積分を行うことにより，式 (2.12) と流れ関数の定義より

$$\begin{aligned}\oint_C dw &= \oint_C d\phi + i \oint_C d\psi \\ &= \Gamma + iQ\end{aligned} \tag{2.15}$$

となる（$\psi = \text{const.}$ の曲線は流量一定の線を表すので，隣り合った流線の値の差 $d\psi$ はその間を通過する流量を表す。したがって，$\oint_C d\psi$ は点 A と点 B(A) との間を通過する流量 Q となる）。

このように，複素速度ポテンシャル w の物体を包含する積分路に沿う 1 周積分と，それに伴う循環 Γ，またその積分路から流出（もしくは流入）する流量との間に密接な関係があることがわかる。詳細は次章で述べる。

コーヒーブレイク

速度の発散と回転

速度 $\boldsymbol{u}$ と微分演算子 ∇ との内積 $\nabla \cdot \boldsymbol{u}$（div $\boldsymbol{u}$ と書く）と外積 $\nabla \times \boldsymbol{u}$（rot $\boldsymbol{u}$ と書く）を，それぞれ速度 $\boldsymbol{u}$ の発散（divergence），回転（rotation）という。それでは，速度の発散，回転とはどのようなイメージなのだろうか。それぞれの式を差分で表すと，そのイメージが明確になる。微分を差分で表すと，例えば df/dx は

$$\frac{df}{dx} \simeq \frac{f_{i+1} - f_{i-1}}{2\Delta x} \tag{1}$$

2.3 渦度

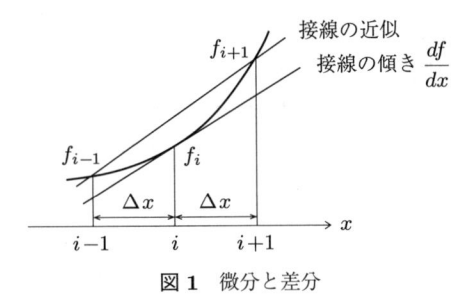

図1 微分と差分

と表される（図1）。

以上のことを踏まえると，それぞれつぎのように書き換えることができる．

$$\text{div }\boldsymbol{u} = \boldsymbol{\nabla}\cdot\boldsymbol{u} = \frac{\partial u}{\partial x} + \frac{\partial v}{\partial y}$$
$$\cong \frac{u_{i+1,j} - u_{i-1,j}}{2\Delta x} + \frac{v_{i,j+1} - v_{i,j-1}}{2\Delta y} \tag{2}$$

$$\text{rot }\boldsymbol{u} = \boldsymbol{\nabla}\times\boldsymbol{u} = \frac{\partial v}{\partial x} - \frac{\partial u}{\partial y}$$
$$\cong \frac{v_{i+1,j} - v_{i-1,j}}{2\Delta x} - \frac{u_{i,j+1} - u_{i,j-1}}{2\Delta y} \tag{3}$$

これらの式において，各項の $u_{i+1,j}$, $v_{i+1,j}$ 等々を "+" とし，各項の前についている「正負」の符号を考慮して図示すると，発散，回転に対応してそれぞれ図2，図3に示されている速度ベクトルが描ける．

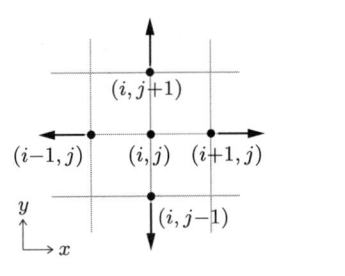

図2 ベクトルの発散   図3 ベクトルの回転

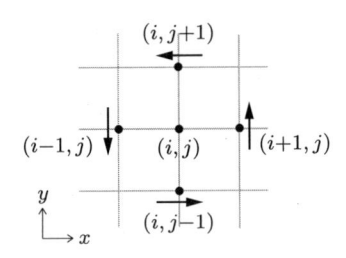

図2，図3を見ると，確かに速度ベクトルはそれぞれ，点 (i,j) から外方向に「発散」(diverge) し，点 (i,j) の周りで「回転」(rotate) している様子が明確に示されている．

3 複素速度ポテンシャル

2 章で導入した，速度ポテンシャル ϕ，流れ関数 ψ と (x,y) 方向の速度成分 (u,v) との間には，すでに学んでいるように

$$u = \frac{\partial \phi}{\partial x}, \quad v = \frac{\partial \phi}{\partial y} \tag{3.1}$$

$$u = \frac{\partial \psi}{\partial y}, \quad v = -\frac{\partial \psi}{\partial x} \tag{3.2}$$

が成り立つので，それぞれ比較して

$$\frac{\partial \phi}{\partial x} = \frac{\partial \psi}{\partial y} \tag{3.3}$$

$$\frac{\partial \phi}{\partial y} = -\frac{\partial \psi}{\partial x} \tag{3.4}$$

を得る．この方程式の解が非圧縮流，2 次元非回転運動を与えるといえる．じつは，これらの微分方程式は 1 章で学んだ**コーシー・リーマンの微分方程式**になっている．1 章で学んだ複素数の基礎をもとに，本章ではこのことの理解をさらに深める．

3.1 複 素 速 度

複素速度ポテンシャルと呼ばれるつぎの式を考える．

$$w = F(z), \quad z = x + iy \tag{3.5}$$

この式が実関数 $f(x,y)$，$g(x,y)$，純虚数 i を用いて，つぎのように表されたとする．

3.1 複素速度

$$w = F(z) = f(x,y) + i\,g(x,y) \tag{3.6}$$

この式を x, y でそれぞれ偏微分すると

$$\frac{\partial w}{\partial x} = \frac{dF(z)}{dz}\frac{\partial z}{\partial x} = \frac{dF(z)}{dz} \tag{3.7}$$

$$\frac{\partial w}{\partial y} = \frac{dF(z)}{dz}\frac{\partial z}{\partial y} = \frac{dF(z)}{dz}i \tag{3.8}$$

を得る。この 2 式より，1 章で学んだコーシー・リーマンの微分方程式

$$\frac{dw}{dz} = \frac{\partial w}{\partial x} = \frac{1}{i}\frac{\partial w}{\partial y} \tag{3.9}$$

を得る。これは前述したコーシー・リーマンの微分方程式の別表現である。事実，この式に式 (3.6) を代入すると

$$\frac{\partial f}{\partial x} = \frac{\partial g}{\partial y} \tag{3.10}$$

$$\frac{\partial f}{\partial y} = -\frac{\partial g}{\partial x} \tag{3.11}$$

を得る。この場合，f, g は**共役関数**（conjugate function）であるという。

ここで $f \to \phi$, $g \to \psi$ と置き換えると，式 (3.3)，(3.4) に示した ϕ, ψ に関するコーシー・リーマンの微分方程式と一致する。このことの意味するところは，いま考えている領域で複素速度ポテンシャル $w = F(z)$ が正則であることを保証していることである。

さて，ϕ, ψ を用いて表すと，$w = F(z) = \phi + i\psi$ となるので

$$\frac{\partial F}{\partial x} = \frac{\partial \phi}{\partial x} + i\frac{\partial \psi}{\partial x} = u - iv \tag{3.12}$$

$$\frac{1}{i}\frac{\partial F}{\partial y} = \frac{1}{i}\frac{\partial \phi}{\partial y} + \frac{\partial \psi}{\partial y} = -iv + u \tag{3.13}$$

を得て，結局

複素速度：$\dfrac{dw}{dz} = u - iv \tag{3.14}$

となる（本によっては，$u + iv$ を複素速度，$u - iv$ を共役複素速度と呼ぶものもあるが，話の論理性からして，$u - iv$ を複素速度と呼ぶのが妥当であろう）。

したがって，実際の速度ベクトル $\boldsymbol{u} = u + iv$ を求めるためには，上式の複素共役をとればよい．すなわち

$$\boldsymbol{u} = \overline{\frac{dw}{dz}} = u + iv \tag{3.15}$$

となる．

$q = |\boldsymbol{u}|$ と置くと，$u = q\cos\theta,\ v = q\sin\theta$ なので

$$\frac{dw}{dz} = u - iv = q(\cos\theta - i\sin\theta) = qe^{-i\theta} \tag{3.16}$$

$$\frac{dw}{dz}\overline{\frac{dw}{dz}} = u^2 + v^2 = q^2 \tag{3.17}$$

等々を得る．

3.2　流線と等ポテンシャル線

ここで，$\psi = \mathrm{const.}$ の曲線は**流線**（streamline）を表し，$\phi = \mathrm{const.}$ の曲線は，**等ポテンシャル線**（equipotential line）を表す．

いま，等ポテンシャル線（$\phi = \mathrm{const.}$）を考え，その上にある線素ベクトルを $d\boldsymbol{r} = dx\boldsymbol{i} + dy\boldsymbol{j}$ とする．

一方

$$\mathrm{grad}\,\phi = \frac{\partial\phi}{\partial x}\boldsymbol{i} + \frac{\partial\phi}{\partial y}\boldsymbol{j} \tag{3.18}$$

$$\mathrm{grad}\,\psi = \frac{\partial\psi}{\partial x}\boldsymbol{i} + \frac{\partial\psi}{\partial y}\boldsymbol{j} \tag{3.19}$$

であるので，この $d\boldsymbol{r}$ と $\mathrm{grad}\,\phi$ との内積をとると

$$\begin{aligned}(\mathrm{grad}\,\phi \cdot d\boldsymbol{r}) &= \frac{\partial\phi}{\partial x}dx + \frac{\partial\phi}{\partial y}dy \\ &= d\phi \\ &= 0 \quad (\because\ \phi = -\text{定}) \end{aligned} \tag{3.20}$$

すなわち，等ポテンシャル線と $\mathrm{grad}\,\phi$ とは直交する．同様に，流線と $\mathrm{grad}\,\psi$ も直交する．

一方,grad ϕ と grad ψ の内積をとると

$$
\begin{aligned}
(\mathrm{grad}\,\phi \cdot \mathrm{grad}\psi) &= \frac{\partial \phi}{\partial x}\frac{\partial \psi}{\partial x} + \frac{\partial \phi}{\partial y}\frac{\partial \psi}{\partial y} \\
&= u(-v) + vu \\
&= 0
\end{aligned}
\tag{3.21}
$$

となる。したがって,grad ϕ と grad ψ は直交する。すなわち,**等ポテンシャル線と流線は直交**する。

4 複素速度ポテンシャルを用いて表す流れ

前章までで複素速度ポテンシャルの基礎について学んできたので，この章では具体的な例を提示し，複素速度ポテンシャルが表す流れ場を理解することを目的とする。

4.1　平 行 な 流 れ

複素速度ポテンシャルが

$$w = Az \quad (ただし，A = a + ib) \tag{4.1}$$

で表される流れを考える。$z = x + iy$ であるので，つぎの式を得る。

$$w = ax - by + i(bx + ay) \tag{4.2}$$

$$\phi = ax - by, \quad \psi = bx + ay \tag{4.3}$$

複素速度ポテンシャル w の虚数部（つまり，流れ関数 ψ）が表す流線（$\psi =$ const.）の式を調べてみよう。

$$bx + ay = \text{const.}$$

であるので，この式は平行な直線群，すなわち**平行流**を表す。

一方，複素速度ポテンシャル w の実数部（つまり，速度ポテンシャル ϕ）より

$$u = \frac{\partial \phi}{\partial x} = a, \quad v = \frac{\partial \phi}{\partial y} = -b \tag{4.4}$$

を得るので，この流れは，つぎに示すように，x 軸と傾き θ をなす一様流である．

$$u = |\boldsymbol{u}| = \sqrt{a^2 + b^2} = \text{const.} \tag{4.5}$$

$$\theta = -\tan^{-1}\frac{b}{a} = \text{const.} \tag{4.6}$$

もしも A が実数ならば，$b = 0$ となるので $\theta = 0$ を得て，これは x 軸に平行で一様な流れとなる．

4.2 凹状角部（90°）を回る流れ

複素速度ポテンシャルが

$$w = Az^2 \quad (\text{ただし，} A = a + ib) \tag{4.7}$$

で表される流れを考える．この複素速度ポテンシャルにおいて，z^2 の係数 A は上式に示されているように複素数である．そこで，式を見やすく簡単にするために，つぎのように軸を回転させて A が実数となるように変数変換を行う．

いま，複素数 $z' = x' + iy'$ を考え，それを $-\delta$ 回転した複素数 z を考えると，つぎのように表される．

$$z = z'e^{-i\delta} \tag{4.8}$$

ここで

$$\delta = \frac{1}{2}\tan^{-1}\frac{b}{a} \tag{4.9}$$

と置くと，$z' = x' + iy'$ であるので，$w = Az^2$ はつぎのように書き換えられる．

$$w = Az^2 = Az'^2 e^{-2i\delta} = Bz'^2$$

ただし

$$B = Ae^{-2i\delta} = (a + ib)(\cos 2\delta - i\sin 2\delta)$$

$$= (a+ib)\left(\frac{a}{\sqrt{a^2+b^2}} - i\frac{b}{\sqrt{a^2+b^2}}\right) = \sqrt{a^2+b^2}$$

である．したがって，この B は実数となるので，$w = \phi + i\psi$ と比較して

$$\phi = B(x'^2 - y'^2), \quad \psi = 2Bx'y' \tag{4.10}$$

を得る．それぞれ $\phi = \mathrm{const.}$，$\psi = \mathrm{const.}$ とすると，これらはたがいに直交する双曲線群をなす．これは凹状角部（90°）を回る 2 次元ポテンシャル流れを表している．その様子を図 4.1 に示す．$\delta = 0$ は $b = 0$ の意味である．

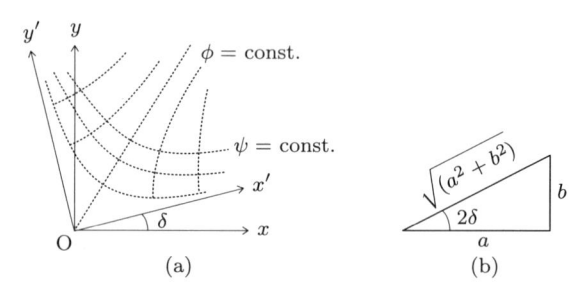

図 4.1　凹　状　角　部

4.3　凹状もしくは凸状角部（任意の角度）を回る流れ

複素速度ポテンシャルが

$$w = az^n \quad (a：実数) \tag{4.11}$$

で表される流れを考える．いま，複素数 z を極座標表示すると

$$z = re^{i\theta} \tag{4.12}$$

と表され

$$w = az^n = ar^n(\cos n\theta + i\sin n\theta) \tag{4.13}$$

となるので，$w = \phi + i\psi$ と比較して

$$\phi = ar^n \cos n\theta, \quad \psi = ar^n \sin n\theta \tag{4.14}$$

を得る．したがって，流線 $\psi = 0$ を表す式は

$$\theta = \alpha = 0, \ \pm\frac{\pi}{n}, \ \pm\frac{2\pi}{n}, \ \cdots \tag{4.15}$$

となる．以上のように，$\psi = 0$ の面を固体壁で置き換えると，α という角を回る流れが得られる（図 **4.2**）．

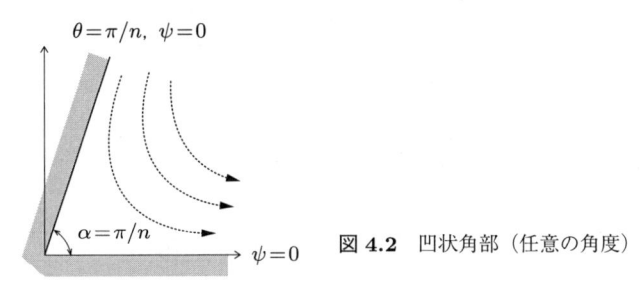

図 **4.2** 凹状角部（任意の角度）

ここで速度を求めてみる．複素速度が次式で与えられるので

$$\frac{dw}{dz} = naz^{n-1} \tag{4.16}$$

$$q = |\boldsymbol{q}| = \left|\frac{dw}{dz}\right| = nar^{n-1} \tag{4.17}$$

を得る．したがって

$$n > 1 \ (\alpha < \pi, \ 凹状角部) \implies r \to 0 \ のとき\ q \to 0 \tag{4.18}$$

$$n < 1 \ (\alpha > \pi, \ 凸状角部) \implies r \to 0 \ のとき\ q \to \infty \tag{4.19}$$

となる（図 **4.3**）．すなわち，角部の速度の大きさは，角部が凹状の場合は 0 となり，角部が凸状の場合は ∞ となる．

凸状の場合は，現実的には角部の速度は粘性の影響により ∞ にならず，そこで流れの剥離をもたらし，複雑な流れが生じる．

図 **4.4** にそれぞれの典型的な流れを示す．

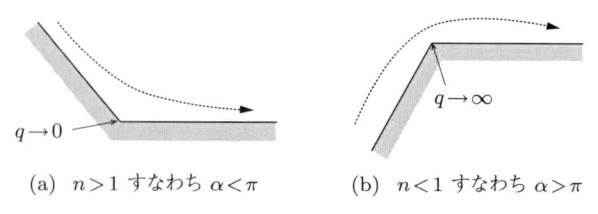

40   4. 複素速度ポテンシャルを用いて表す流れ

(a) $n>1$ すなわち $\alpha<\pi$ (b) $n<1$ すなわち $\alpha>\pi$

図 4.3 凹状もしくは凸状角部（任意の角度）

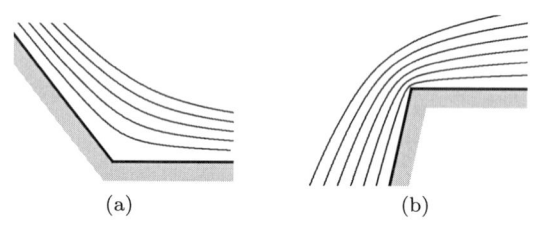

(a)   (b)

図 4.4 凹状もしくは凸状角部を回る流れの例

4.4 湧き出し，吸い込み

複素速度ポテンシャルが

$$w = m \log z \quad (m:実数) \tag{4.20}$$

で表される流れを考える。いま，複素数 z を極座標表示すると

$$z = re^{i\theta} \tag{4.21}$$

と表されるので

$$w = m \log z = m(\log r + i\theta) \tag{4.22}$$

を得る。したがって

$$\phi = m \log r \tag{4.23}$$

$$\psi = m\theta \tag{4.24}$$

となるので，流線（$\psi=$ const.）は

$$\theta = \text{const.} \to \text{放射状の流れ} \tag{4.25}$$

となり，等ポテンシャル線（$\phi=$ const.）は

$$r = \text{const.} \to \text{円状の等ポテンシャル線} \tag{4.26}$$

となる（図 **4.5**）。

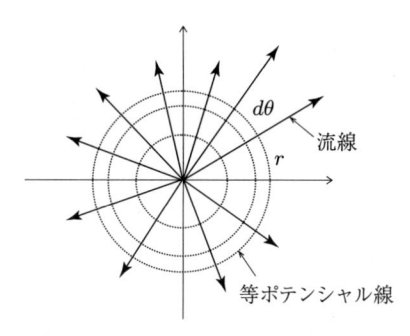

図 4.5 湧き出し（$m > 0$ の場合）

$m > 0$ の場合，このような流れを**湧き出し**（source）の流れという。$m < 0$ ならば，**吸い込み**（sink）という。

つぎに，速度の大きさ q を求めてみよう。複素速度が

$$\frac{dw}{dz} = \frac{m}{z} = \frac{m}{r}e^{-i\theta} \tag{4.27}$$

で与えられるので

$$q = \frac{m}{r} \tag{4.28}$$

となる。すなわち，速度の大きさ q は原点からの距離に逆比例することになる。

原点から流れ出す（$m > 0$），あるいは原点に流れ込む（$m < 0$）流量 Q を計算すると，つぎのようになる。

$$Q = \int_0^{2\pi} qr d\theta = 2\pi m \tag{4.29}$$

すなわち，原点から流れ出す（原点に流れ込む）流量は一定となる。

4.5 回転流，渦

複素速度ポテンシャルが

$$w = im \log z \quad (m：実数) \tag{4.30}$$

で表される流れを考える．いま，複素数 z を極座標表示すると

$$z = re^{i\theta} \tag{4.31}$$

と表されるので，$w = im \log z$ に代入すると

$$w = im(\log r + i\theta) \tag{4.32}$$

$$\phi = -m\theta, \quad \psi = m \log r \tag{4.33}$$

を得る．したがって，流線は $\psi = \text{const.}$ より

$$r = \text{const.} \tag{4.34}$$

すなわち，円となる．一方，等ポテンシャル線は放射状となる（前節の結果と比較せよ）．

この場合，図 **4.6** に示すように流線は円（渦状）をなしているので，「渦」があるように見える．「渦」があるように見えることと「渦度」があることは，直

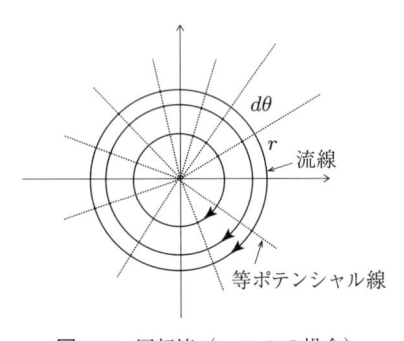

図 **4.6** 回転流（$m > 0$ の場合）

接の関連はないことを注意しておく。確かに，この場合の渦度 ζ を計算すると 0 になるので，「渦度」はなく，これは非回転運動である。ただし，後述するように原点を除く。

このことは，付録 A.1 に述べてある変数変換を参考にして確認できるので，自ら計算をしてみよう。

つぎに，この場合の流れの方向を求めてみよう。流れ場が極座標 (r, θ) で表されており，かつ，速度ポテンシャル ϕ が式 (4.33) のように与えられるので，周方向速度 q_θ，放射方向速度 q_r は

$$q_\theta = \frac{\partial \phi}{r \partial \theta} = -\frac{m}{r}, \quad q_r = \frac{\partial \phi}{\partial r} = 0 \tag{4.35}$$

となる†。このことを踏まえると，流れの方向はつぎのようにまとめられる。

―― 回転流における流れの方向 ――――――――――――――――

$m > 0$ の場合 $q_\theta < 0$ となるので，図 4.6 に示されているように，流れは右回りとなる。

ここで，4.4 節の $w_1 = m \log z$ と本節の $w_2 = im \log z$ とを比較してみると，w_2 は w_1 に i を掛けたものとなっている。i を掛けるということは，$i = e^{i\pi/2}$ なので偏角が $90°$ 加えられることになり，ベクトルを "+" $90°$ の方向（左回り）に回転することと等価である。それにもかかわらず，上の結果を見ると，速度ベクトルは "−" $90°$ の方向（右回り）に回転しており，逆方向となっている。

これは，w が複素速度ポテンシャルであり，速度を得るにはこれから得られる複素速度の複素共役をとる必要があるためである。すなわち，複素速度ポテンシャル w に i を掛けると，その複素共役は $-i$ となり，"−" $90°$ の方向に回転することになる。したがって，"+" $90°$ の方向に回転したい場合は，複素速度ポテンシャル w に $-i$ を掛ければよい。

―――――――――――――――――――――――――――――

---

† 付録 A.1 の (1) を参照。

先ほど，原点を含まなければ渦度はないと述べたが，原点を含む場合はどうなるであろうか。2章で述べたように，渦度と循環の間には密接な関係がある（ストークスの定理）ので，原点周りの任意半径 r の積分路 C に沿って循環 Γ を計算すると

$$\Gamma = \oint_C \boldsymbol{u} \cdot d\boldsymbol{s} = \oint_0^{2\pi} q_\theta r d\theta = -2\pi m \tag{4.36}$$

もしくは

$$\Gamma = \oint_C d\phi = -m \int_0^{2\pi} d\theta = -2\pi m \tag{4.37}$$

となる。

ストークスの定理より，閉曲線 C に沿った線積分（循環）はその内部の渦の総和を表すから，この場合，循環を求めた円 C の中には渦があることになる。

上記の結果を調べてみると，円の半径にかかわらず循環 Γ は一定であるので，渦は原点に集中しており，それ以外には渦がないことがわかる。したがって，これは原点を除いて非回転運動となる。このような点を**渦点**と呼ぶ。また，このような流れを**循環流**（circulation flow）と呼び，渦点があると，その外側に渦によって引き起こされた流れが生じる。

4.6 二重湧き出し

複素速度ポテンシャルが

$$w = \frac{m}{z} \quad (m：実数) \tag{4.38}$$

で表される流れを考える。いま，複素数 z を極座標表示すると

$$z = re^{i\theta} \tag{4.39}$$

と表されるので，これを上の式 (4.38) に代入して

$$w = \frac{m}{r}e^{-i\theta} = \frac{m}{r}(\cos\theta - i\sin\theta) \tag{4.40}$$

4.6 二重湧き出し

$$\phi = \frac{m\cos\theta}{r}, \quad \psi = -\frac{m\sin\theta}{r} \tag{4.41}$$

が得られる。

上式より，$r = \sqrt{x^2 + y^2}$，$\sin\theta = y/r$ とすると，流線の式（$\psi = \text{const.}$）は

$$x^2 + y^2 = y \times \text{const.} \tag{4.42}$$

となり，同様に $\cos\theta = x/r$ とすると，等ポテンシャル線（$\phi = \text{const.}$）は

$$x^2 + y^2 = x \times \text{const.} \tag{4.43}$$

となる。このような流れを**二重湧き出し**（吹き出し）（doublet）と呼ぶ。流れの構造の詳細は次章で述べる。また，流線および等ポテンシャル線の様子をそれぞれ図 **4.7** に示す。

(a) 流 線　　　　(b) 等ポテンシャル線

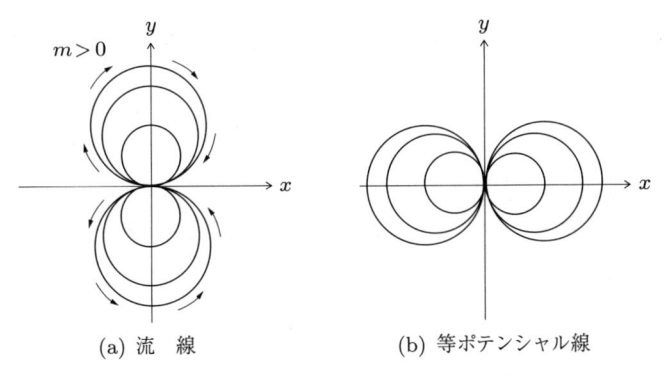

図 **4.7** 二重湧き出し（$m > 0$ の場合）

式 (4.42)，(4.43) を調べると，つぎのことがわかる。流線はその中心を y 軸上に持ち，x 軸に接する円群を表す。等ポテンシャル線はその中心を x 軸上に持ち，y 軸に接する円群を表す。$m > 0$ のときは，その流れの方向は図 4.7 に示す矢印の方向である。4.5 節に示した方法と同様の方法を用いて流れの方向を求めることを読者に勧める。流れは原点から吹き出し，また原点に戻る。このような流れは二重湧き出しと呼ばれ，物体が流体中を動くときに生ずる動きに似ている（6.2 節を参照）。

ここまでは m を実数としたが，$m = a + ib$（複素数）の場合はどうなるかを調べてみよう。$a + ib$ を極座標表示すると

$$m = Re^{i\Theta} \quad \left(\text{ただし，} R = \sqrt{a^2 + b^2}, \; \tan\Theta = \frac{b}{a}\right) \tag{4.44}$$

となる。したがって，式 (4.38) もしくは式 (4.40) は，つぎのように表される。

$$w = \frac{R}{r} e^{-i\theta} e^{i\Theta} \tag{4.45}$$

これは元の式（図）の大きさを R 倍し，角度 Θ だけ反時計方向に回転したことを意味するので，この場合は図 4.7 に示された軸（x 軸）を角度 Θ だけ反時計

コーヒーブレイク

イルカはなぜ船の先端付近を好んで泳ぐか？

詳細は後述（6.2 節）するが，ここで学んだ二重湧き出しによる流れは，物体が静止流体中を動く際に生ずる流れに似ている。実際の物体は有限の大きさを有しているが，それを遠くから眺めると「点」に見え，まさに二重湧き出しの周りの流れと見なせる。この流れを見ると「物体」進行方向前方においては進行方向の流れを「誘起」している。すなわち，「物体」の前方にいると，その「物体」が流体を前方に押しやっているので，その流れに乗ればエネルギーを節約して「楽」に「速く」泳げる。イルカはそのことを生まれながらに知っているので，船の軸先付近を好んで泳ぐと考えられる。もちろん，船の後方でも同様の流れが生じているはずであるが，現実的には流れの粘性の影響が大きくなり，複雑な構造を持つ後流を形成するため，そこで泳ぐことは望ましくない。イルカは先天的あるいは体験的に流体力学を知っているといえなくはない。

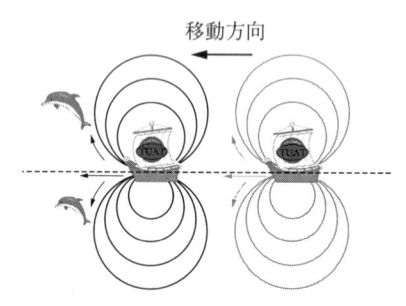

図 1 船を遠くから眺めると，ある点での二重湧き出しと見なせるので，前方に向かう流れが誘起される。

方向に回転した図が得られる．すなわち，二重湧き出しはその方向（向きもしくは軸）を有していることになる（図 4.8）．

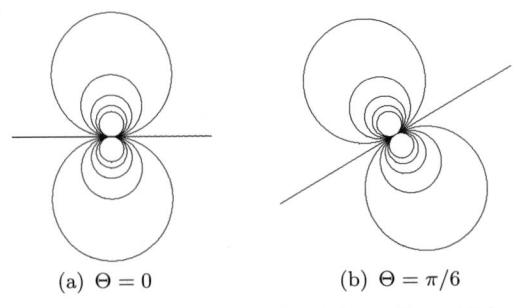

(a) $\Theta = 0$　　　　(b) $\Theta = \pi/6$

図 4.8 傾きを有する二重湧き出しの流れの例

ところで，式 (4.38) では複素速度ポテンシャルを m/z としたが，m/z^2 とした場合はどうなるであろうか．その場合の複素速度ポテンシャルは

$$w = \frac{m}{z^2} = \frac{m}{r^2}\cos 2\theta - i\frac{m}{r^2}\sin 2\theta \tag{4.46}$$

と表せる．したがって

$$\phi = \frac{m}{r^2}\cos 2\theta \tag{4.47}$$

$$\psi = -\frac{m}{r^2}\sin 2\theta \tag{4.48}$$

となり，$r = \sqrt{x^2 + y^2}$，$\sin\theta = y/r$，$\cos\theta = x/r$ とすると

$$\psi = \mathrm{const.} \implies \frac{xy}{(x^2+y^2)^2} = \mathrm{const.} \tag{4.49}$$

を得る．この場合の流線の例を，流れの方向とともに図 4.9 に示す．

これまでの議論より，一般的に m/z^k の場合についても同様のことがいえる．その場合，それを **$2k$ 重湧き出し**と呼ぶ．参考として，m/z^3，m/z^4 の場合の流線の例を図 4.10 に示す．z の指数が増加するにつれ，その「葉」が増えていく様子がわかる．もちろん，m が複素数の場合は，それに応じてその図は回転されたものになり，方向性を有する．

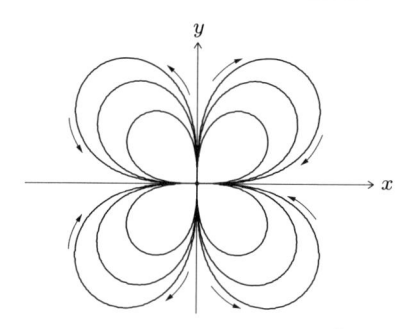

48   4. 複素速度ポテンシャルを用いて表す流れ

図 4.9 四重湧き出し（$m > 0$, m/z^2 の場合）の流線

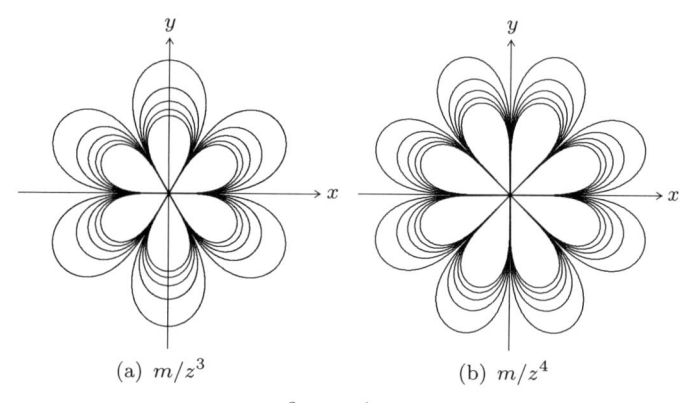

(a) m/z^3 (b) m/z^4

図 4.10 m/z^3, m/z^4 の場合の流線の例

5 流れの合成

4章において種々の基礎的な複素速度ポテンシャル w について学んできた。本章では，それらを組み合わせて（合成して），種々の役立つ流れを学ぶ。

5.1 強さの等しい湧き出しと吸い込み

複素平面 (x,y) において，実軸上のある点（$x=a$：プラスの実数）に強さ m の湧き出しがあり，原点に対し対称な点（$x=-a$）に強さ m の吸い込みがあるとする。それぞれの点における複素速度ポテンシャルはつぎのように表される。ただし，$m>0$ とする。

点 $(a,0)$ に湧き出し $\implies w_1 = m\log(z-a)$

点 $(-a,0)$ に吸い込み $\implies w_2 = -m\log(z+a)$

これらを合成した

$$w = w_1 + w_2 = m\log\frac{z-a}{z+a} \tag{5.1}$$

を考える。

図 **5.1** に示す文字を使用して点 P(x,y) の座標を表現すると

$$\underbrace{(a+r_1\cos\theta_1,\ r_1\sin\theta_1)}_{\text{湧き出し側}} \quad \text{または} \quad \underbrace{(-a+r_2\cos\theta_2,\ r_2\sin\theta_2)}_{\text{吸い込み側}}$$

となるので，これを極座標表示すると次式を得る。

50 　　5. 流 れ の 合 成

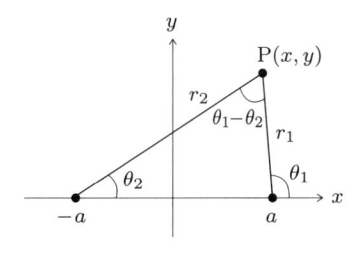

図 5.1　座 標 系

$$z = a + r_1 e^{i\theta_1} \quad \text{または} \quad z = -a + r_2 e^{i\theta_2} \tag{5.2}$$

これらを式 (5.1) に代入すると

$$w = m \log \frac{r_1 e^{i\theta_1}}{r_2 e^{i\theta_2}} = m \left\{ \log \frac{r_1}{r_2} + i \left(\theta_1 - \theta_2 \right) \right\} \tag{5.3}$$

を得るので，速度ポテンシャル ϕ，流れ関数 ψ はつぎのようになる。

$$\phi = m \log \frac{r_1}{r_2}, \quad \psi = m \left(\theta_1 - \theta_2 \right) \tag{5.4}$$

　流線 ($\psi = \text{const.}$) は $\theta_1 - \theta_2 = \text{const.}$ となるため，これは x 軸上の点 $(a, 0)$，$(-a, 0)$ を通り，円周角一定 ($\theta_1 - \theta_2 = \text{const.}$) の円群を表す（図 5.2）。

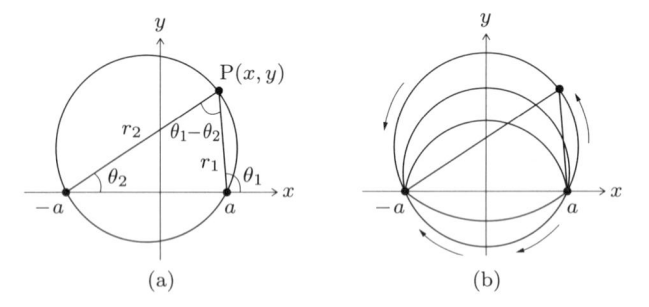

図 5.2　円周角一定の円群

　一方，等ポテンシャル線は

$$\phi = \text{const.} \implies \frac{r_1}{r_2} = \text{const.} \tag{5.5}$$

となる（幾何学でいうところのアポロニウスの円。図 5.3 を参照）。

5.1 強さの等しい湧き出しと吸い込み

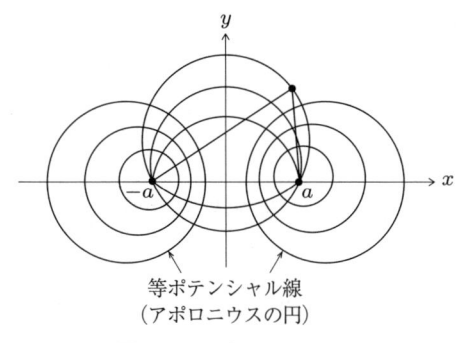

図 5.3 アポロニウスの円

等ポテンシャル線
(アポロニウスの円)

つぎに，この湧き出しと吸い込みを無限に近づけることを考えてみよう．つまり，m を有限とし，$a \to 0$ とした極限をとる．すると，湧き出しと吸い込みはたがいに打ち消し合うが，湧き出しと吸い込みの強さが相互間の距離に逆比例して大きくなれば，それらの積は有限としうる．このような条件で，式 (5.1) の極限値を求めてみる．

いま

$$2am = \sigma \ (\sigma：有限なプラスの値)$$

と置くと，$m = \sigma/(2a)$ となるので，式 (5.1) の $a \to 0$ の極限は

$$w = \lim_{a \to 0} \frac{\sigma}{2a} \log \frac{z-a}{z+a} \tag{5.6}$$

となる．

ここで，$\log(z-a)$，$\log(z+a)$ をつぎのように級数展開する．

$$\log(z-a) = \log z + \log\left(1 - \frac{a}{z}\right) = \log z - \frac{a}{z} - \frac{a^2}{2z^2} - \frac{a^3}{3z^3} - \cdots$$

$$\log(z+a) = \log z + \log\left(1 + \frac{a}{z}\right) = \log z + \frac{a}{z} - \frac{a^2}{2z^2} + \frac{a^3}{3z^3} - \cdots$$

得られた展開式を式 (5.6) に代入し，極限操作をすると，次式が得られる．

$$w = \lim_{a \to 0} \frac{\sigma}{2a}\left(-\frac{2a}{z} - \frac{2a^3}{3z^3} - \cdots\right) = -\frac{\sigma}{z} \tag{5.7}$$

これは二重湧き出し (m/z) にほかならない。すなわち，二重湧き出しは湧き出しもしくは吸い込みの強さ m とその相互間距離 $2a$ の積，つまり σ を一定にした状態で，その距離を無限小にした場合の流れ場を表すことになる。

5.2 一様流と湧き出し

いま，一様流 $w_1 = Uz$ と湧き出し $w_2 = m \log z$ ($m > 0$) の組み合わせ $w = w_1 + w_2$ を考えると，次式を得る。

$$w = w_1 + w_2 = Uz + m \log z \tag{5.8}$$

$\log z$ を (x, y) 座標を用いて表すと

$$\log z = \log r + i\theta = \frac{1}{2}\log(x^2 + y^2) + i \tan^{-1}\frac{y}{x} \tag{5.9}$$

となるので，実数部（ϕ），虚数部（ψ）はそれぞれ

$$\phi = Ux + \frac{m}{2}\log(x^2 + y^2), \quad \psi = Uy + m \tan^{-1}\frac{y}{x} \tag{5.10}$$

となる。

したがって，流線（$\psi = \text{const.}$）は

$$Uy + m \tan^{-1}\frac{y}{x} = \text{const.} \tag{5.11}$$

となり，結局

$$y = \text{const.} - \frac{m}{U}\tan^{-1}\frac{y}{x} \tag{5.12}$$

を得る。

したがって，$y = 0$（x 軸上）のとき，x の正負によってつぎのように分類することができる。

$$x > 0 \implies \psi = 0 \quad \left(\text{このとき，} \tan^{-1}\frac{y}{x} = \theta = 0\right) \tag{5.13}$$

$$x < 0 \implies \psi = \pi m \quad \left(\text{このとき，} \tan^{-1}\frac{y}{x} = \theta = \pi\right) \tag{5.14}$$

図 5.4 に示すように，同じ x 軸上でも，正側の流線の値と負側の流線の値は異なっていることに注意されたい。

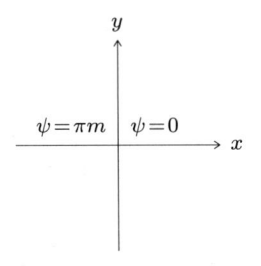

図 5.4 x 軸上の流線の値

x 軸の負の領域（$\psi = \pi m$）では

$$Uy + m \tan^{-1} \frac{y}{x} = \pi m \tag{5.15}$$

となるので

$$\tan^{-1} \frac{y}{x} = \pi - \frac{U}{m} y$$

$$\tan \left(\pi - \frac{U}{m} y \right) = \frac{y}{x}$$

$$-\tan \frac{U}{m} y = \frac{y}{x}$$

$$x = -y \cot \frac{U}{m} y \tag{5.16}$$

を得る。この式の性質を調べてみると，$y = \pm m\pi/U$ で $x = \infty$ となる。すな

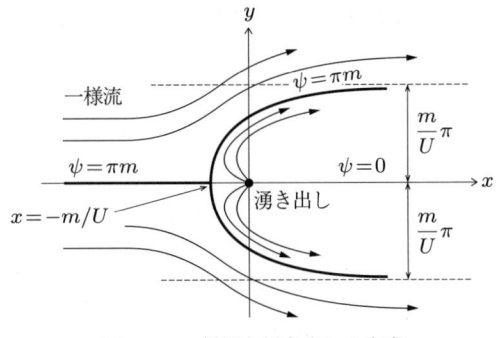

図 5.5 一様流と湧き出しの合成

わち，直線 $y = \pm m\pi/U$ を漸近線として有する曲線となる（**図 5.5**）。

図 5.5 には式 (5.11) の流線が模式的に示されているが，これを見ると，$\psi = \pi m$ の曲線部（$x > -m/U$ の部分）を固体と考え，幅が $2m\pi/U$ の流線形の物体に流れが当たる場合と考えられる。これは一様流中に置かれた鈍頭物体周りの流れを表しており，$\psi = \pi m$ を固体の壁と考えて，隆起したところに風が当たっているとも考えられる。改めて流線の例を図 **5.6** に示す。

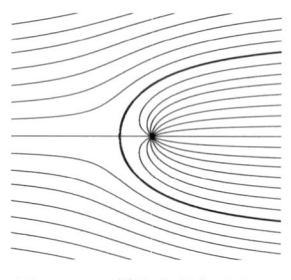

図 5.6 一様流と湧き出しの合成の例

流速 q は流れを表現する複素速度ポテンシャル w より

$$q = \left| \frac{dw}{dz} \right| = \left| U + \frac{m}{z} \right| \tag{5.17}$$

となり，この式において，$z = x = -m/U$ と置くと $q = 0$ となって，図 5.5 に示すように，物体の先端（$x = -m/U$）で速度が 0 となり，そこで流線が二つに分かれる。この点を**岐点**もしくは**淀み点**（stagnation point）という。

淀み点での圧力は**淀み点圧力**（stagnation pressure）と呼ばれ，圧力の最大値を示す。この淀み点圧力を p_0，無限遠方の圧力を p_∞ とすると，**ベルヌーイの定理**より

$$p_\infty + \frac{1}{2}\rho U^2 = p + \frac{1}{2}\rho q^2 = p_0 \tag{5.18}$$

となる。

5.3　一様流と湧き出し，吸い込み

いま，強さ m の等しい湧き出しと吸い込みを，それぞれ複素平面 (x,y) 上の $x=-a$, $x=a$ に配置する．これに一様流 (Uz) を組み合わせる．その結果，その流れを表す複素速度ポテンシャルは次式で与えられる．

$$w = Uz + m\log\frac{z+a}{z-a} \tag{5.19}$$

流れ関数 ψ は，上式の虚数部分であるので

$$\begin{aligned}\psi &= Uy - m\,\tan^{-1}\frac{y}{x-a} + m\,\tan^{-1}\frac{y}{x+a} \\ &= Uy - m\,\tan^{-1}\frac{2ay}{x^2+y^2-a^2}\end{aligned} \tag{5.20}$$

を得る．特別な場合として $\psi=0$（ゼロ流線）を考えると，上式より

$$y = 0 \tag{5.21}$$

$$\frac{2ay}{x^2+y^2-a^2} = \tan\frac{Uy}{m} \tag{5.22}$$

を得る．

一方，複素速度 $\overline{u}$ を求めると

$$\overline{u} = \frac{dw}{dz} = U + \frac{m}{z+a} - \frac{m}{z-a} \tag{5.23}$$

より，淀み点は $dw/dz=0$ を満足するので，淀み点の座標は

$$z = \pm\sqrt{a^2 + \frac{2am}{U}} \tag{5.24}$$

となる．

これは図 **5.7** のように一様流中に柱体が置かれているときの様子を示しており，このような図形を**ランキンの楕円**という．流れの様子を図 **5.8** に示す．

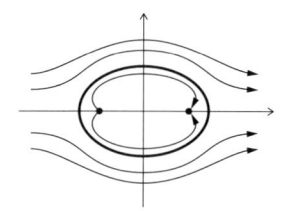

図 5.7 一様流と湧き出し，吸い込み

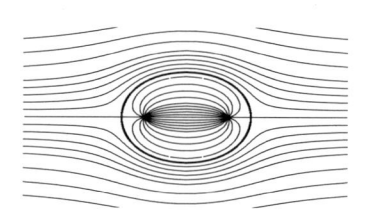

図 5.8 一様流と湧き出し，吸い込み（ランキンの楕円）の例

5.4　一様流と二重湧き出し

いま，複素平面 (x, y) 上に，一様流 (Uz) と強さ m の二重湧き出し (m/z) を配置した組み合わせを考える．その複素速度ポテンシャルは次式で与えられる．

$$w = Uz + \frac{m}{z} \tag{5.25}$$

上式の虚数部が流れ関数を表すので，流れ関数 ψ は

$$\psi = Uy - \frac{my}{x^2 + y^2} \tag{5.26}$$

となる．したがって，ゼロ流線（$\psi = 0$）は

$$y = 0 \quad \text{または} \quad x^2 + y^2 = \frac{m}{U} \tag{5.27}$$

となる．それらを図示すると，図 5.9 のようになる．ただし，m は実数とした．

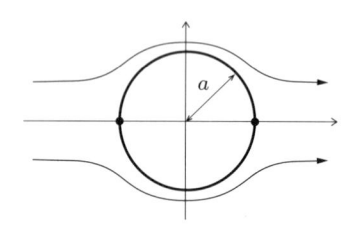

図 5.9 一様流と二重湧き出し

ここで $a = \sqrt{m/U}$ と置き書き換えると，先ほどの式 (5.25) は

$$w = Uz + U\frac{a^2}{z} \tag{5.28}$$

となる。式 (5.27) のゼロ流線の式と比較すると，これは半径 a の円柱周りの流れを表すことになり，その際の複素速度 $\overline{u}$ は

$$\overline{u} = \frac{dw}{dz} = U - U\frac{a^2}{z^2} \tag{5.29}$$

となるので，半径 a の円柱表面上 $z = ae^{i\theta}$ における速さ q_a を求めると

$$q_a = U\sqrt{2(1-\cos 2\theta)} = |2U\sin\theta| \tag{5.30}$$

を得る。したがって，淀み点 $(q = 0)$ は $\theta = 0, \pi$ となり，最大速度は $\theta = \pm\pi/2$ のときで $q_{\max} = 2U$，すなわち一様流の 2 倍の速さとなることがわかる。流線の詳細を図 **5.10** に示す。

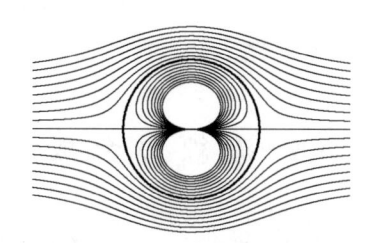

図 5.10 一様流と二重湧き出し
（円柱周りの流れ）

つぎに，円柱表面上の圧力分布を求めてみよう。無限遠方の圧力を p_∞ とすると，ベルヌーイの方程式

$$p_\infty + \frac{1}{2}\rho U^2 = p + \frac{1}{2}\rho q^2 \tag{5.31}$$

が成り立つので，圧力分布の式

$$\begin{aligned} p - p_\infty &= \frac{1}{2}\rho U^2(1 - 4\sin^2\theta) \\ &= \frac{1}{2}\rho U^2(2\cos 2\theta - 1) \end{aligned} \tag{5.32}$$

58   5. 流 れ の 合 成

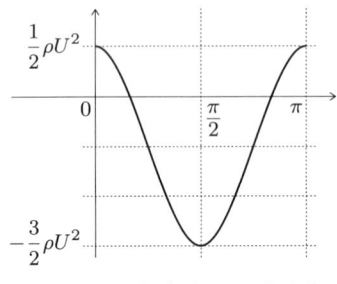

図 5.11　円柱表面上の圧力分布

を得る．この式を用いて円柱表面上の圧力分布を図示すると，図 5.11 のようになる．

　図もしくは式を見ると，明らかにその圧力分布は前後左右対称となっており，円柱には力が働かないことがわかる．しかしながら，実在の流体では粘性の影響により非対称な流れとなり，力が働く．これを**ダランベールのパラドックス**（D'Alembert's paradox）という[†]．

5.5　流 線 の 合 成

　前節までで，いろいろな複素速度ポテンシャルを加え合わせて新たな複素速度ポテンシャルを求め，その式の性質を調べてきた．しかし，流れの模様は，式よりも図で表したほうがわかりやすい．この流線を描くにあたり，隣りどうしの流線の ψ の差が等しいように描く．すなわち，ある流線とある流線との ψ の差が等しいので，その間を流れる流体の流量は一定である．

　2 種類の流れを組み合わせるとき，組み合わせてできる流れの様子（流線）は，$\psi_1 + \psi_2$ を作成し，その値が等しい点を結べば，対象とする流線が得られる．実際に作成した流線間の値を計算してみると，一定（流量一定）となっていることがわかる（図 5.12）．

[†]　p.64 を参照．

5.5 流線の合成

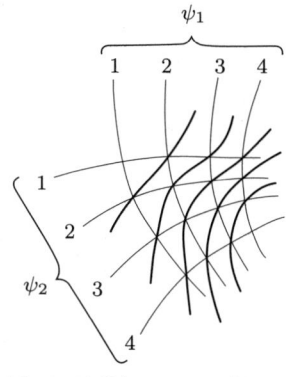

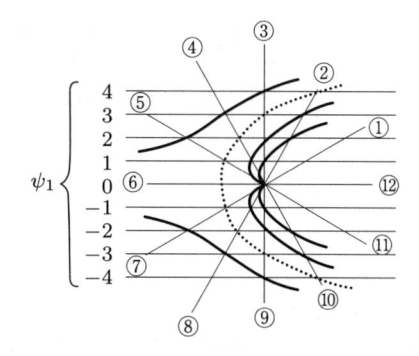

(a) ある流線($\psi_1 =$ const.)と
　　ある流線($\psi_2 =$ const.)の合成

(b) 一様流の流線($\psi_1 =$ const.)と
　　湧き出しの流線(①〜⑫)の合成

図 5.12 流線の合成（太線）（図 (b) の点線で示した流線を物体表面と見なすと，鈍頭物体周りの流れが表される）

課題

図 5.12 の例を参考にして，一様流と二重湧き出しを組み合わせ，全体の流れの様子（流線）を図示せよ．

6 種々の円柱周りの流れ

5章までに，一様流中に静止して置かれた円柱周りの流れの詳細を学んだ。そこではその条件について厳密に述べなかったが，この「一様流中に静止して置かれた」は，円柱周りに循環がないこと，また，まさに円柱が静止していることを意味している。ここではそれを一歩進めて，循環のある場合，さらに静止流体中を円柱が運動する場合について述べる。

6.1 円柱周りに循環がある流れ

4.5 節において，そこで示した回転流（渦）を循環流と呼ぶと述べたが，この際の流線は円であるから，その一つを固体壁と考えて，円柱周りの流れと考えることができる。静止した流体中で円柱を回転させると，表面に接した流体は粘性によって付着して表面と同速度を持ち，十分時間が経過した後には循環流と同じような運動が得られる。しかし，その回転運動とその物体周りに循環があることとは，必ずしも 1 対 1 に対応しているわけではない。物体が回転運動していなくても循環は生じうる。

さて，5.4 節で求めた一様流中に置かれた円柱周りの流れの運動に，この循環流を組み合わせると，円柱の表面では流れ関数は一定となり，円は一つの流線となって，これを固体壁と見なすことができる。

このことを式で表現すると

$$w_1 = Uz + U\frac{a^2}{z} \tag{6.1}$$

6.1 円柱周りに循環がある流れ

$$w_2 = \frac{i\Gamma}{2\pi} \log z \quad (ここで, 循環 = -\Gamma) \tag{6.2}$$

となる。循環 Γ が「プラス」であると，w_2 が表す循環流は「右回転」の流れとなる。

したがって，求めるべき複素速度ポテンシャル w は

$$w = w_1 + w_2 = Uz + U\frac{a^2}{z} + \frac{i\Gamma}{2\pi} \log z \tag{6.3}$$

となる。

これから円柱表面の速度を求める。$z = ae^{i\theta}$ より

$$\begin{aligned}\left(\frac{dw}{dz}\right)_{z=ae^{i\theta}} &= U - U\frac{a^2}{z^2} + \frac{i\Gamma}{2\pi z} \\ &= U - Ue^{-2i\theta} + \frac{i\Gamma}{2\pi a}e^{-i\theta}\end{aligned} \tag{6.4}$$

である。したがって，淀み点を求めると，$dw/dz = 0$ より

$$\begin{aligned} U - Ue^{-2i\theta} + \frac{i\Gamma}{2\pi a}e^{-i\theta} &= 0 \\ Ue^{i\theta} - Ue^{-i\theta} + \frac{i\Gamma}{2\pi a} = 2iU\sin\theta + \frac{i\Gamma}{2\pi a} &= 0 \\ \sin\theta &= -\frac{\Gamma}{4\pi Ua} \end{aligned} \tag{6.5}$$

を得る。

よって，Γ の大小により，流れはつぎのように分類できる。

(1) $\Gamma < 4\pi Ua$ のとき，その流れの様子は**図 6.1** (a) のようになる。淀み点は2か所あり，前後対称の図となる。

(2) $\Gamma = 4\pi Ua$ のとき，$\theta = -\pi/2$ となり，淀み点は1か所となる。この場合も前後対称の図となる（図 (b)）。

(3) $\Gamma > 4\pi Ua$ のとき，円柱表面上には淀み点は出現せず，円柱を包含する流線がある。円柱外部に淀み点が出現し，そこでの流れの方向は図に示すとおりであり，円柱を鉢巻きするようになって，幾何学的にはそこで**直交**する（図 (c)）。この場合も前後対称の図となる。

6. 種々の円柱周りの流れ

(a) $\Gamma < 4\pi Ua$ (b) $\Gamma = 4\pi Ua$ (c) $\Gamma > 4\pi Ua$ 直交

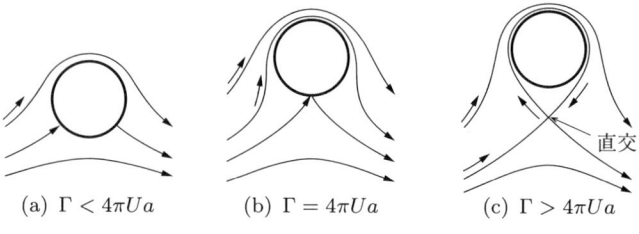

図 **6.1** 円柱周りの種々の流れ

> **課題**
>
> 図 6.1 (c) において円柱外部に淀み点が生じる場合，その線は直交する．このことを証明せよ．

一般的に図 6.1 のような流れは，一様な流れの中で円柱が回転しているときに出現する．流線の詳細を**図 6.2** に示す．

(a) $\Gamma < 4\pi Ua$ (b) $\Gamma = 4\pi Ua$ (c) $\Gamma > 4\pi Ua$

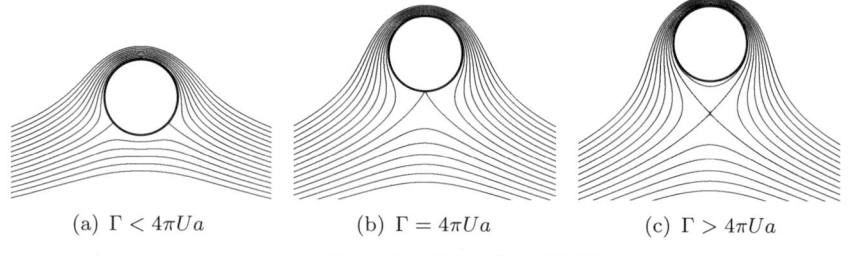

図 **6.2** 円柱周りの種々の流れ（詳細）

参考のため，$\Gamma > 4\pi Ua$ の場合について流れ関数の値の等高線を**図 6.3** に示す．この図では，ちょうど直交する流線がその等高線の交線として示されている．

つぎに，この円柱に働く力を考える．**図 6.4** に示すように線素 $ad\theta$ に働く力は，圧力が p なので $pad\theta$ となる．したがって，x 方向の力は $-pad\theta \cos\theta$，y 方向の力は $-pad\theta \sin\theta$ となるので，円柱全体に x 方向に働く力 F_x および y 方向に働く力 F_y は，これらを全周にわたって積分し，つぎのように得られる．

$$F_x = -\int_0^{2\pi} p \cos\theta \, ad\theta \tag{6.6}$$

6.1 円柱周りに循環がある流れ

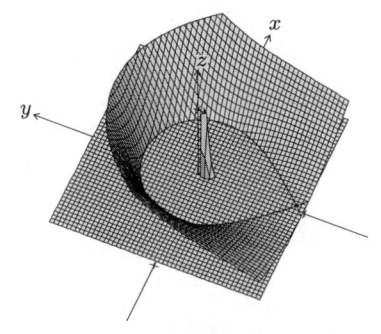

図 6.3 流れ関数の値の等高線：$\Gamma > 4\pi U a$

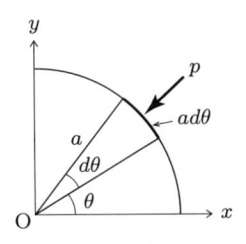

図 6.4 円柱に働く力

$$F_y = -\int_0^{2\pi} p \sin\theta \, a d\theta \tag{6.7}$$

これを複素数表示すると，次式が得られる．

$$F_x + iF_y = -a\int_o^{2\pi} pe^{i\theta} d\theta \tag{6.8}$$

式 (6.8) で圧力 p を θ の関数として表すことができれば，式 (6.8) は積分できる．

ベルヌーイの定理により，$p = \text{const.} - \dfrac{1}{2}\rho q^2$ だから，q を θ の関数として表すことができれば，p は θ の関数として表せる．複素速度 $\overline{u}$ は

$$\begin{aligned}\overline{u} = \frac{dw}{dz} &= U - Ue^{-2i\theta} + \frac{i\Gamma}{2\pi a}e^{-i\theta} \\ &= ie^{-i\theta}\left(2U\sin\theta + \frac{\Gamma}{2\pi a}\right)\end{aligned} \tag{6.9}$$

となるので

$$\begin{aligned}q^2 = \left|\frac{dw}{dz}\right|^2 &= \left(2U\sin\theta + \frac{\Gamma}{2\pi a}\right)^2 \\ &= 2U^2(1 - \cos 2\theta) + \frac{2U\Gamma}{\pi a}\sin\theta + \frac{\Gamma^2}{4\pi^2 a^2}\end{aligned} \tag{6.10}$$

を得る．

したがって，圧力 p は θ の関数として表されるので，式 (6.8) の力の式に代入すると

$$\boxed{F_x + iF_y = i\rho U\Gamma} \implies F_x = 0, \ F_y = \rho U\Gamma$$

を得る。すなわち，物体は流れ方向には力を受けず（抵抗なし），流れに垂直方向にのみ力（揚力）を受ける[†]。

6.2 静止した流体中を等速運動する円柱

つぎに，半径 a の円柱が静止した流体中を等速で運動する場合について考えよう。

すでに 5.4 節で，x 方向の一様流速 U 中に置かれた半径 a の円柱周りの流れを表す複素速度ポテンシャル w は，つぎのように与えられている。

$$w = Uz + U\frac{a^2}{z} \tag{6.11}$$

この式より，円柱表面上 $z = ae^{i\theta}$ における速さ q は $|2U\sin\theta|$ で与えられ，円柱表面上の圧力分布 p は，無限遠方の圧力を p_∞ とすると

$$\begin{aligned}
p &= p_\infty + \frac{1}{2}\rho U^2(1 - 4\sin^2\theta) \\
&= p_\infty + \frac{1}{2}\rho U^2(2\cos 2\theta - 1)
\end{aligned} \tag{6.12}$$

で与えられることを学んでいる。

さて，つぎに，半径 a の円柱が静止した流体中を x の負の方向に，等速 U で運動する場合について考えよう。この流れを表す複素速度ポテンシャルを求めるには，式 (6.11) に $-Uz$ を加えればよい。また，動いている円柱の中心を $z_0(t)$ とすると，最終的に複素速度ポテンシャルは

$$w = U\frac{a^2}{z - z_0(t)} \tag{6.13}$$

と表せる。すなわち，動いている円柱は静止座標（静止水面）から見ると，二重湧き出しが移動しているように見えることになる。ここで，その移動速度は

[†] 流れに垂直な力 F_y を揚力（lift）という。一様な流れの中にある円柱が回転すると，揚力 $\rho U\Gamma$ が発生する。この現象をマグナス（Magnus）効果という。抵抗 F_x がゼロであるが，実際は抵抗を生じる。これをダランベールのパラドックスという（p.58 参照）。

$dz_0/dt = -U$ となる.このとき,流れは非定常となり,ベルヌーイの式は非定常に一般化された次式で表される.

$$\frac{\partial \phi}{\partial t} + \frac{u^2}{2} + \frac{p}{\rho_\infty} = \text{const.} \tag{6.14}$$

$w = \phi + i\psi$ なので,$\partial w/\partial t$ より $\partial \phi/\partial t$ を求めると

$$\frac{\partial \phi}{\partial t} = -U^2 \cos 2\theta \tag{6.15}$$

となる.ただし,$z - z_0 = re^{i\theta}$ ($r = a$) を使用した.

つぎに,円柱表面上の流速 q を求める.複素速度ポテンシャルの実部 ϕ は,$w = \dfrac{Ua^2 e^{-i\theta}}{r}$ より,$\phi = \dfrac{Ua^2}{r}\cos\theta$ で与えられるので

$$q_r = \frac{\partial \phi}{\partial r} = -\frac{Ua^2}{r^2}\cos\theta \tag{6.16}$$

$$q_\theta = \frac{1}{r}\frac{\partial \phi}{\partial \theta} = \frac{-Ua^2}{r^2}\sin\theta \tag{6.17}$$

となる.円柱表面上の速度の大きさが q なので,$q^2 = q_r^2 + q_\theta^2$ をつぎのように得る.

$$q^2(=u^2) = U^2 \quad (\text{ただし},\ r = a) \tag{6.18}$$

この結果は至極当然である.なぜなら,いま物体は速度 U で動いているからである.

無限遠方においては,ϕ は一定となり,速度がゼロとなるので,$\partial \phi/\partial t = 0$,$U = 0$,$p = p_\infty$ である.これらを式 (6.14) の非定常に拡張されたベルヌーイの式に代入すると

$$\frac{p_\infty}{\rho_\infty} = -U^2\cos 2\theta + \frac{1}{2}U^2 + \frac{p}{\rho_\infty} \tag{6.19}$$

を得る.

したがって,円柱表面上の圧力分布は次式で与えられる.

$$p = p_\infty + \frac{1}{2}\rho_\infty U^2(2\cos 2\theta - 1) \tag{6.20}$$

この式は，前述した，一様流中に置かれた円柱周りの圧力分布（式 (6.12)）に等しい。すなわち，観測者が物体（円柱）に乗って流れを見た式 (6.12) と，観測者が一様流に乗って物体周りの流れを見た式 (6.20) とは，**圧力に関しては相互に等しくなる**。

しかしながら，両者の複素速度ポテンシャルを見るとわかるように，異なった式であるので，**流れの様子は異なる**（式 (6.11) の複素速度ポテンシャルは定常であるが，式 (6.13) のそれは非定常であり，時間とともに変化している）。

7 等角写像

　$w = f(z)$ が複素関数であるということは，複素数 z に複素数 w が対応することである。すなわち，複素 z 平面上の点 z に複素平面上の点 w が対応するともいえる。z 平面上の図形 F は，$w = f(z)$ によって w 平面上の図形 F′ に対応することになる。このことを，図形 F は $w = f(z)$ によって図形 F′ に写像されると言い表す。もしくは，図形 F′ は F の写像であるという。いままで考えてきた複素関数 $w = f(z)$ は正則関数としていたが，その場合には，本章に示される美しく面白い性質を持っている。

7.1 等角写像

　いま，複素数 $z = x + iy$ の関数 $w = F(z) = f + ig$ を考える。もちろん，ここでは関数 $F(z)$ は領域 D 内で正則関数であるとする。したがって，つぎのように微分できることはすでに学んでいる。

$$\frac{dw}{dz} = F(z)' = \lambda \ (= \lambda_1 + i\lambda_2) \tag{7.1}$$

すなわち

$$dw = \lambda dz \tag{7.2}$$

となる。この式を領域 D 内の任意の点 z_0 で考えると，同じように

$$dw = (\lambda)_{z=z_0} dz \tag{7.3}$$

と表せる。すなわち，z 平面上の $z = z_0$ における微小ベクトル dz の λ 倍が，

w 平面上の対応する点 w_0 における微小ベクトル dw になっていることを示している（図 **7.1**）。

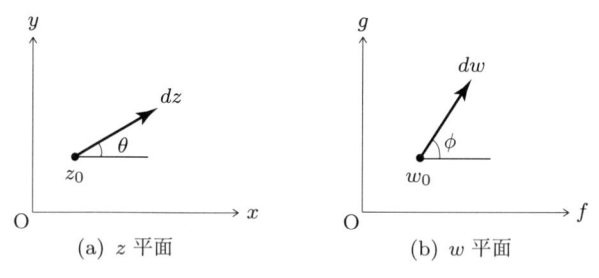

図 7.1 z 平面から w 平面への微小ベクトルの写像

図 7.1 に示すように，z 平面と w 平面におけるそれぞれの偏角を θ, ϕ で表し，λ の偏角を α とすると，$dw = \lambda dz$ の式はつぎのように表せる。

$$|dw|e^{i\phi} = |\lambda|e^{i\alpha} \cdot |dz|e^{i\theta} = |\lambda||dz|e^{i(\theta+\alpha)} \tag{7.4}$$

すなわち

$$|dw| = |\lambda||dz|, \quad \phi = \theta + \alpha \tag{7.5}$$

となる。これは，z 平面上の微小ベクトル dz が，z 平面から w 平面への写像において，その大きさが $|\lambda|$ 倍され，偏角が反時計方向に α だけ回転された微小ベクトル dw に写像されることを表している。したがって，z_0 の近傍の図形は，この写像により $|\lambda|$ 倍だけ拡大（縮小）され，角度 α だけ回転される。

点 z_0 で交わる任意の 2 曲線のなす角は，上記の議論により，写像によって変化しないことになる。これが**等角写像**と呼ばれるゆえんである。

それでは，その交わる角度が変わらないということを具体的に証明しよう。いま，図 **7.2** に示すように，z 平面上の値を $z = x + iy$ とし，w 平面上の値を $w = F(z) = f + ig$ とする。それぞれ対応する 2 曲線を z 平面上および w 平面上に描き，それらの曲線の交角 α, α' を考える。

このとき，α と α' とが等しくなるが，このような写像を**等角写像**と呼ぶ。も

7.1 等角写像　69

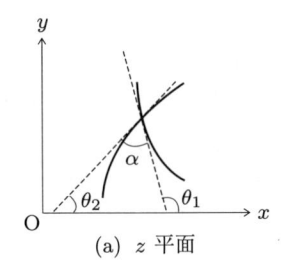

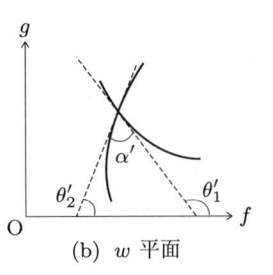

(a) z 平面　　　(b) w 平面

図 7.2　z 平面から w 平面への写像

ちろん，その関数 $F(z)$ が正則であることはいうまでもない．このことをこれから示そう．

図 7.2 に示されているように

$$\alpha = \theta_1 - \theta_2, \quad \alpha' = \theta_1' - \theta_2'$$

であるので，$\alpha = \alpha'$ であるためには

$$\theta_1 - \theta_1' = \theta_2 - \theta_2'$$

であることが必要になる．図 7.2 のそれぞれの交点で微小部分を (dx_1, dy_1), (df_1, dg_1) とすると，その点における接線の傾きはそれぞれ θ_1, θ_1' であるので

$$\tan \theta_1 = \frac{dy_1}{dx_1} \tag{7.6}$$

$$\tan \theta_1' = \frac{dg_1}{df_1} \tag{7.7}$$

となる．したがって，三角関数の加法定理より

$$\tan(\theta_1' - \theta_1) = \frac{\dfrac{dg_1}{df_1} - \dfrac{dy_1}{dx_1}}{1 + \dfrac{dg_1}{df_1}\dfrac{dy_1}{dx_1}} = \frac{dg_1 dx_1 - df_1 dy_1}{dg_1 dy_1 + df_1 dx_1} \tag{7.8}$$

を得る．一方，$f = f(x, y)$, $g = g(x, y)$ から

$$df_1 = \frac{\partial f}{\partial x} dx_1 + \frac{\partial f}{\partial y} dy_1 \tag{7.9}$$

$$dg_1 = \frac{\partial g}{\partial x} dx_1 + \frac{\partial g}{\partial y} dy_1 \tag{7.10}$$

であるので，結局つぎの式を得る．

$$\tan(\theta'_1 - \theta_1) = \frac{\dfrac{\partial g}{\partial x}(dx_1)^2 + \left(\dfrac{\partial g}{\partial y} - \dfrac{\partial f}{\partial x}\right)dx_1 dy_1 - \dfrac{\partial f}{\partial y}(dy_1)^2}{\dfrac{\partial f}{\partial x}(dx_1)^2 + \left(\dfrac{\partial f}{\partial y} + \dfrac{\partial g}{\partial x}\right)dx_1 dy_1 + \dfrac{\partial g}{\partial y}(dy_1)^2}$$
(7.11)

また，関数 $w = F(z) = f + ig$ は正則であるので，f, g に関してつぎのコーシー・リーマンの微分方程式

$$\frac{\partial f}{\partial x} = \frac{\partial g}{\partial y}, \quad \frac{\partial g}{\partial x} = -\frac{\partial f}{\partial y}$$

が成り立っているので

$$\tan(\theta'_1 - \theta_1) = \frac{\dfrac{\partial g}{\partial x}(dx_1)^2 - \dfrac{\partial f}{\partial y}(dy_1)^2}{\dfrac{\partial f}{\partial x}(dx_1)^2 + \dfrac{\partial g}{\partial y}(dy_1)^2} = \frac{-\dfrac{\partial f}{\partial y}(dx_1)^2 - \dfrac{\partial f}{\partial y}(dy_1)^2}{\dfrac{\partial g}{\partial y}(dx_1)^2 + \dfrac{\partial g}{\partial y}(dy_1)^2}$$

$$= -\frac{\dfrac{\partial f}{\partial y}}{\dfrac{\partial g}{\partial y}}$$
(7.12)

が得られる．同様にして

$$\tan(\theta'_2 - \theta_2) = -\frac{\dfrac{\partial f}{\partial y}}{\dfrac{\partial g}{\partial y}}$$
(7.13)

が得られて

$$\theta_1 - \theta'_1 = \theta_2 - \theta'_2$$

となり，$\alpha = \alpha'$ が示された．

ここで重要なのは，$w = F(z)$ は正則な関数であるので，z で微分できるということであり，z 平面から w 平面に図形を写像した場合，図形は回転したり，拡大・縮小が施されるかもしれないが，対応する角度は変わらないということである．

7.2　流れ場における等角写像

前節で z 平面から w 平面への等角写像について述べた。ここでは，それを流れ場に適用してその理解を深めよう。

任意の正則関数 $w = F(z)$ は，z 平面で起こる渦なし流れに対して，$w = \phi + i\psi$ と考えることができる。$w = F(z)$ の関係式は，z 平面と w 平面の間の等角写像を与える。このことを理解するために，w 平面の正方形の網目 $\phi = \text{const.}$，$\psi = \text{const.}$（図 **7.3** (b)）が，z 平面のどのような図形に対応するかを考えてみよう。それは，いままでの議論からもちろん

$$\phi(x, y) = \text{const.}, \quad \psi(x, y) = \text{const.} \tag{7.14}$$

で与えられる曲線群である（図 7.3 (a)）。図 7.2 (b) において f, g をそれぞれ ϕ, ψ と置き換え，図 7.2 (a) における角度 θ_1 が示す接線方向がその点における流れの向きを表すことになる。また，z 平面で $\psi(x, y) = \text{const.}$ とした場合，当然 w 平面でも $\psi = \text{const.}$ となっているはずであり，それは，w 平面では ϕ 軸に平行な直線群を表す。同様に，z 平面で $\phi(x, y) = \text{const.}$ とした場合，それは w 平面では ψ 軸に平行な直線群を表す。それはつまり，「w 平面の正方形の網目 $\phi = \text{const.}$，$\psi = \text{const.}$」である。

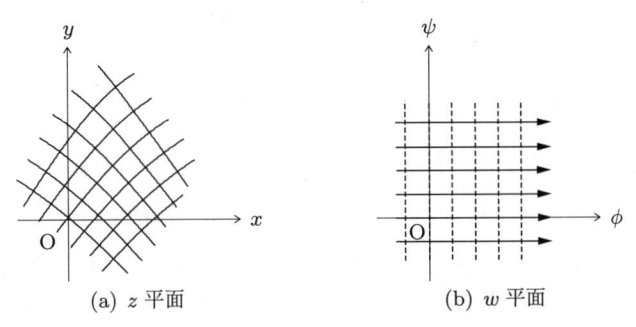

(a) z 平面　　　(b) w 平面

図 **7.3**　z 平面から w 平面への写像（流線）

7. 等角写像

このことは式 (7.6) を使って示すことができる。ここでは z 平面上の図形（曲線）を流線であるとしたので

$$\tan\theta_1 = \frac{dy_1}{dx_1} = \frac{v}{u} \tag{7.15}$$

であり

$$\begin{aligned}
\tan\theta_1' &= \frac{d\psi}{d\phi} \\
&= \frac{\dfrac{\partial\psi}{\partial x}dx_1 + \dfrac{\partial\psi}{\partial y}dy_1}{\dfrac{\partial\phi}{\partial x}dx_1 + \dfrac{\partial\phi}{\partial y}dy_1} \\
&= \frac{\dfrac{\partial\psi}{\partial x} + \dfrac{\partial\psi}{\partial y}\dfrac{dy_1}{dx_1}}{\dfrac{\partial\phi}{\partial x} + \dfrac{\partial\phi}{\partial y}\dfrac{dy_1}{dx_1}} \\
&= \frac{\dfrac{\partial\psi}{\partial x} + \dfrac{\partial\psi}{\partial y}\dfrac{v}{u}}{\dfrac{\partial\phi}{\partial x} + \dfrac{\partial\phi}{\partial y}\dfrac{v}{u}} \\
&= \frac{-v + u\dfrac{v}{u}}{u + v\dfrac{v}{u}} \\
&= 0
\end{aligned} \tag{7.16}$$

となる。$\theta_1' = 0$，すなわち $\psi = $ const. の線が真横（水平）になっていることを示している。これは，w 平面を見ればそれは (ϕ, ψ) 平面なので，至極当たり前のことである。

以上のことは，簡単につぎのようにも説明できる。複素関数 $w = F(z)$ は正則であるので，$dw = \lambda dz$ と表せることはすでに示してある。ここで dz を流線の方向にとると，それは速度の方向に一致する。すなわち，$vdx = udy$ が成り立つ。一方，λ は複素速度 $(u - iv)$ を表すので，右辺の λdz は実数となる。すなわち，$dw = d\phi + id\psi$ と比較すると，微小ベクトル dw は w 平面で真横を向き，$d\psi = 0$ となる。これは w 平面で $\psi = $ const. を意味するので，先ほど説明

したことと一致する。

これらの意味するところは，$\psi = \text{const.}$ であり，かつ，それに直交して $\phi = \text{const.}$ であるので，まさに，「w 平面の正方形の網目 $\phi = \text{const.}, \psi = \text{const.}$」そのものである．この関係は，簡潔に図 7.3 に示されている．

これらの関係をさらに進めて，ζ 平面との間の写像を考える．先ほど導入した $w = F(z)$ から，さらに $z = G(\zeta)$ との写像を考えるが，もちろんこれら二つの関数は正則関数とする．特に，z 平面と ζ 平面との写像関係に注目すると，等ポテンシャル線は等ポテンシャル線に，流線は流線に等角写像されることがわかる．すると，z 平面上の任意の閉曲線 C は，ζ 平面上のある閉曲線 C' に対応しているはずであるので，これら閉曲線に沿う循環について

$$\Gamma(C) = [\phi]_C = [\phi]_{C'} = \Gamma(C')$$

の関係が成り立つ．したがって，写像により，循環 $\Gamma(C)$ は「保存される」ことになり，かつ，閉曲線を横切っての流出量 $Q(C)$ も保存される．

これをまとめると，つぎの定理を得る．

定理 7.1

正則関数 $z = G(\zeta)$ による等角写像において，等ポテンシャル線は等ポテンシャル線に，流線は流線に等角写像される．また，循環，流出量は，この写像において不変に保たれる．

複雑な形状の周りの流れを求める際に，1 回の等角写像でその解が得られない場合に，この定理を用いてより簡単な中間の解を求めて，それから最終的に求める解を得ることができる．例えば，上の表記に従えば，$w = F(z) = F(G(\zeta))$ であるので

$$u - iv = \frac{dw}{dz} = \frac{dF}{d\zeta}\frac{d\zeta}{dG} = \frac{1}{\dfrac{dG}{d\zeta}}\frac{dF}{d\zeta} \tag{7.17}$$

のようにして，つぎからつぎへとその平面での速度が求められることになる．

具体的によく用いられる方法としては，例えば一様流中に置かれた円柱周りの流れはよく知られているので，そこから出発していろいろな物体周りの流れを知ることができる。

　つぎの章では，その例として最も有名なJoukowski変換について述べる。

8 Joukowski 翼

本章では，基本的な流れである円柱周りの流れを z 平面から ζ 平面に写像することにより，任意形状物体周りの流れを得ることを目的とする．その例の中で最も有名な Joukowski 翼への変換（Joukowski 変換）を示す．

8.1 Joukowski 変換

z 平面と ζ 平面との間の変換を考える（図 8.1）．

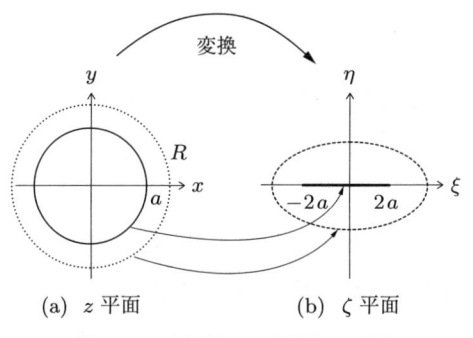

図 8.1 z 平面から ζ 平面への写像

いま，$\zeta = z + a^2/z$ で与えられる変換を考える（この変換が，**Joukowski**（ジューコフスキー）**変換**である）．z 平面上の半径 R の円（点線）は $z = Re^{i\theta}$ と置けるので，この z をこの式に代入すると

$$\zeta = Re^{i\theta} + \frac{a^2}{R}e^{-i\theta}$$

$$= \left(R + \frac{a^2}{R}\right)\cos\theta + i\left(R - \frac{a^2}{R}\right)\sin\theta$$
$$= \xi + i\eta \tag{8.1}$$

を得る．すなわち

$$\xi = \left(R + \frac{a^2}{R}\right)\cos\theta$$

$$\eta = \left(R - \frac{a^2}{R}\right)\sin\theta$$

となる．

ここで，z 平面上の原点を中心とする円（$R = \mathrm{const.}$）を考えると，$\zeta(\xi, \eta)$ 平面上では，つぎに示すように $R + a^2/R$ を長半径，$R - a^2/R$ を短半径とする楕円となる．

$$\frac{\xi^2}{\left(R + \frac{a^2}{R}\right)^2} + \frac{\eta^2}{\left(R - \frac{a^2}{R}\right)^2} = 1 \tag{8.2}$$

その焦点は

$$\xi = \pm\sqrt{\left(R + \frac{a^2}{R}\right)^2 - \left(R - \frac{a^2}{R}\right)^2} = \pm 2a, \quad \eta = 0 \tag{8.3}$$

で与えられる．

すなわち，z 平面上の原点を中心とする**同心円群** $R = \mathrm{const.}$ は，ζ 平面上の 2 点 $(\pm 2a, 0)$ を焦点とする**楕円群に写像される**．

特に，z 平面上の $R = a$（円）は ζ 平面上では $\xi = 2a\cos\theta$，$\eta = 0$ なので，ξ 軸上の長さ $4a$ の線分に写像される（θ は 0 から 2π まで変化する）．

一方，z 平面上の原点から出る半直線 $\theta = \mathrm{const.}$ は

$$\frac{\xi^2}{\cos^2\theta} - \frac{\eta^2}{\sin^2\theta} = 4a^2 \tag{8.4}$$

となるので，**半直線は双曲線に写像される**．

最初に与えられた変換（写像）式 $\zeta = z + a^2/z$ を z について解くと

$$z = \frac{1}{2}\left(\zeta \pm \sqrt{\zeta^2 - 4a^2}\right)$$

となるが†，$|z| \geqq a$ を考えると

$$z = \frac{1}{2}\left(\zeta + \sqrt{\zeta^2 - 4a^2}\right) \tag{8.5}$$

を得る．

8.2　楕円柱周りの流れ

本節では，前節で述べた Joukowski 変換を用いて，迎え角 α を有する楕円柱周りの流れを求めてみよう．

まず，一様流 U の中に置かれた半径 R の円柱周りの流れを考えると，その流れを表す複素速度ポテンシャルは

$$w = U\left(z + \frac{R^2}{z}\right)$$

となるが，この円柱が迎え角 α を有する場合，$z \Rightarrow ze^{-i\alpha}$ のように変数変換を行い，改めてつぎの複素速度ポテンシャル

$$w = U\left(ze^{-i\alpha} + \frac{R^2}{ze^{-i\alpha}}\right) \tag{8.6}$$

を考えればよい．

これは，一様流を "$+\alpha$" だけ傾けることにより，相対的に二重湧き出しの「軸」も "$+\alpha$" だけ傾いたことに対応する（xy 座標を "$-\alpha$" 回転する）．

この流れに対して Joukowski 変換 $\zeta = z + a^2/z$ を施す．この変換式に半径 R の円の式 $z = Re^{i\theta}$ を代入すると

---

† この式において $\sqrt{}$ の前の符号が ± となっているが，z, ζ は複素数なので "+" のみで十分である．符号 "−" は偏角を変化させることにより実現できる．

8. Joukowski 翼

$$\zeta = Re^{i\theta} + \frac{a^2}{R}e^{-i\theta}$$
$$= \left(R + \frac{a^2}{R}\right)\cos\theta + i\left(R - \frac{a^2}{R}\right)\sin\theta \tag{8.7}$$

となるので，前節で述べたように，これは長径 $R+a^2/R = l$，短径 $R-a^2/R = m$ の楕円に写像される．$R = \frac{1}{2}(l+m)$, $a = \frac{1}{2}\sqrt{l^2-m^2}$ なので，式 (8.5) より

$$z = \frac{1}{2}\left(\zeta + \sqrt{\zeta^2 - (l^2 - m^2)}\right)$$

を得る．

これを先ほどの複素速度ポテンシャルの式 (8.6) に代入すると，迎え角 α を有する楕円柱周りの流れ

$$w = \frac{1}{2}U\left[e^{-i\alpha}\left\{\zeta + \sqrt{\zeta^2 - (l^2 - m^2)}\right\} + \frac{(l+m)^2 e^{i\alpha}}{\zeta + \sqrt{\zeta^2 - (l^2 - m^2)}}\right] \tag{8.8}$$

が得られる（図 **8.2**）．

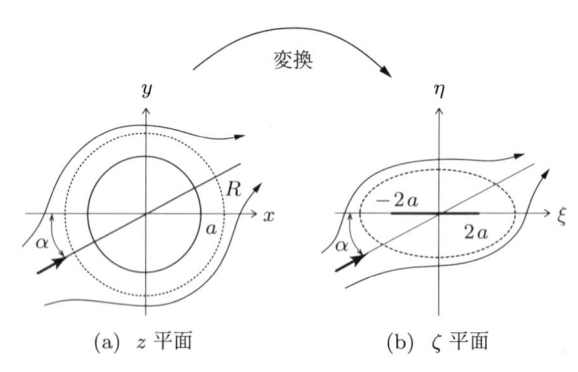

図 **8.2** 迎え角を有する楕円柱周りの流れ

特別な場合として $R = a$ の場合を考えると，$l = 2a$, $m = 0$ となり，図 **8.3** に示すように長さ $4a$ の平板を表すので，結局，迎え角 α を有する平板周りの流れを考えることになる．このとき式 (8.8) は

8.2 楕円柱周りの流れ

(a) z 平面 　　　(b) ζ 平面

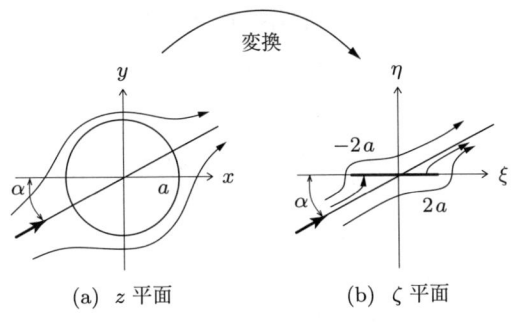

図 8.3 迎え角を有する平板周りの流れ

$$w = U\left\{\zeta\cos\alpha - i\sqrt{\zeta^2 - 4a^2}\sin\alpha\right\} \tag{8.9}$$

となる。淀み点は $dw/d\zeta = 0$ より

$$\cos\alpha - \frac{i\zeta}{\sqrt{\zeta^2 - 4a^2}}\sin\alpha = 0 \tag{8.10}$$

となるので，淀み点の座標はつぎのようになる。

$$\zeta = \pm 2a\cos\alpha \tag{8.11}$$

もしも $\alpha = \pi/2$ ならば，$\zeta = 0$ すなわち原点が淀み点となる。**図 8.4** にいくつかの例を示す。

(a) $\alpha = \pi/6$ 　　　(b) $\alpha = \pi/2$

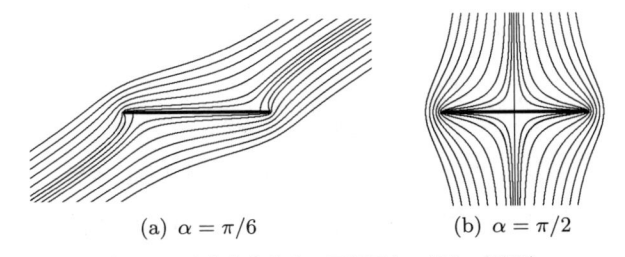

図 8.4 迎え角を有する平板周りの流れ（詳細）

ここでは特別な場合として，平板周りの流れを求めた。その際，淀み点を求めるために，$dw/d\zeta$ を計算した。平板の場合は $w = F(\zeta)$ が簡単な式なので，その微分は簡単に求まるが，その前の楕円の場合は複雑な式になっており，微分は

簡単ではない。しかし，7章の等角写像の式 (7.17) を用いることにより，つぎのように簡単に求められる。迎え角が 0 の場合，$w = z + R^2/z$, $\zeta = z + a^2/z$ であるから，式 (7.17) より

$$1 - \frac{R^2}{z^2} = \frac{dw}{dz} = \frac{dF}{d\zeta}\frac{d\zeta}{dG} = \left(1 - \frac{a^2}{z^2}\right)\frac{dF}{d\zeta} \tag{8.12}$$

$$\therefore \quad \frac{dF}{d\zeta} = \frac{z^2 - R^2}{z^2 - a^2} \tag{8.13}$$

となる。式 (8.13) と先ほどの複雑な $w = F(\zeta)$（式 (8.8)）を微分した式とを比較すると一致することがわかるが，迎え角がある場合も含めて，読者自身で確認をしていただきたい。この例ではまだ計算する意欲が起こるかもしれないが，非常に複雑になった場合には，直接計算するのではなく，式 (7.17) を用いて ζ 平面での速度の式を求めたほうがはるかに簡単となる。

8.3　楕円柱周りに循環がある流れ

前節の流れ場に，さらに循環が加えられたらどうなるであろうか。

迎え角 α を有した半径 R の円柱周りに循環がある場合の流れを表す複素速度ポテンシャルは

$$\begin{aligned}
w &= U\left(ze^{-i\alpha} + \frac{R^2}{ze^{-i\alpha}}\right) + \frac{i\Gamma}{2\pi}\log(ze^{-i\alpha}) \\
&= U\left(ze^{-i\alpha} + \frac{R^2}{ze^{-i\alpha}}\right) + \frac{i\Gamma}{2\pi}\log z + \frac{\Gamma\alpha}{2\pi}
\end{aligned} \tag{8.14}$$

となる。ここで，最後の項 $\Gamma\alpha/2\pi$ は定数であるので，複素速度ポテンシャルから取り除いても結果に変わりはない。この流れに対して Joukowski 変換 $\zeta = z + a^2/z$ を施す。前節と同じ表記を用いると，その結果はつぎのようになる。

$$\begin{aligned}
w &= \frac{1}{2}U\left[e^{-i\alpha}\left\{\zeta + \sqrt{\zeta^2 - (l^2 - m^2)}\right\} + \frac{(l+m)^2 e^{i\alpha}}{\zeta + \sqrt{\zeta^2 - (l^2 - m^2)}}\right] \\
&\quad + \frac{i\Gamma}{2\pi}\log\left(\zeta + \sqrt{\zeta^2 - (l^2 - m^2)}\right)
\end{aligned} \tag{8.15}$$

先ほどと同様に，特別な場合として $R = a$ の場合を考えると，$l = 2a$, $m = 0$ となり，長さ $4a$ の平板を表すので，結局，迎え角 α を有した平板周りに循環がある場合の流れを考えることになる．したがって，上式は

$$w = U\left(\zeta \cos \alpha - i\sqrt{\zeta^2 - 4a^2} \sin \alpha\right)$$
$$+ \frac{i\Gamma}{2\pi} \log\left(\zeta + \sqrt{\zeta^2 - 4a^2}\right) \tag{8.16}$$

となる．淀み点は $dw/d\zeta = 0$ より

$$U\left(\cos \alpha - \frac{i\zeta}{\sqrt{\zeta^2 - 4a^2}} \sin \alpha\right) + \frac{i\Gamma}{2\pi} \frac{1}{\sqrt{\zeta^2 - 4a^2}} = 0$$
$$U\left(\sqrt{\zeta^2 - 4a^2} \cos \alpha - i\zeta \sin \alpha\right) + \frac{i\Gamma}{2\pi} = 0 \tag{8.17}$$

となるので，淀み点の座標はつぎのようになる．

$$\zeta = \frac{1}{2\pi U}\left(\Gamma \sin \alpha \pm \sqrt{(4\pi U a)^2 - \Gamma^2} \cos \alpha\right) \tag{8.18}$$

この式 (8.18) において，循環 Γ がない場合には，先ほどの式 $\zeta = \pm 2a \cos \alpha$ が得られる．この循環がない場合の淀み点の位置は，長さ $4a$ の板の途中に存在し，板の端点にはない．その場合，端点での速度は無限大となる．しかし，この板に循環を加えることにより，その淀み点の位置を移動させることが可能になり，端点での速度無限大を避けることができる．

式 (8.18) において，もし

$$\Gamma = 4\pi U a \sin \alpha \tag{8.19}$$

と置くと

$$\zeta = 2a(\sin^2 \alpha \pm \cos^2 \alpha) = 2a \quad \text{または} \quad -2a \cos 2\alpha \tag{8.20}$$

となり，淀み点の一つを $\zeta = 2a$，すなわち板の端点に置くことができ，流れは板の端から出ていく．$\zeta = 2a$ から流れが離れていくためには，速度 U と循環 Γ との間に，$\Gamma = 4\pi U a \sin \alpha$ の関係が成り立たなければならない．

$\Gamma = 4\pi U a \sin \alpha$ と置くことにより，板の端点で流速が無限大になることを避けることができる．このように Γ を選ぶことは Joukowski によって提唱された

もので，これを **Joukowski の仮説**あるいは **Kutta の条件**と呼ぶ。

この様子を図 **8.5** に示す。図 (a) においては，迎え角 30° の円柱周りに循環がある流れの様子を示しており，$\Gamma = 4\pi U a \sin\alpha$ と選ぶことにより，淀み点の一つがちょうど横軸の位置に来ている。図 (b) は図 (a) を Joukowski 変換により，平板周りの流れに写像したものである。この流れにおいては，迎え角 30° の平板周りの流れを示しているが，特に，後端部から流れが出ていくことに注意されたい。

(a) z 平面　　　　　　　　(b) ζ 平面

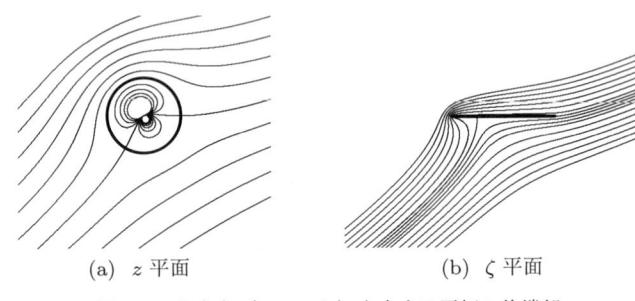

図 **8.5**　迎え角（$\alpha = \pi/6$）を有する平板の後端部から出る流れ

8.4　Joukowski 翼

前節で説明した z 平面から ζ 平面への変換（Joukowski 変換）では，z 平面上の半径 a の円はその中心が原点にあり，変換後は長さ $4a$（$l = \pm 2a$）の平板となった。いま，その円の中心を z 平面において y 軸上を移動させると，ζ 平

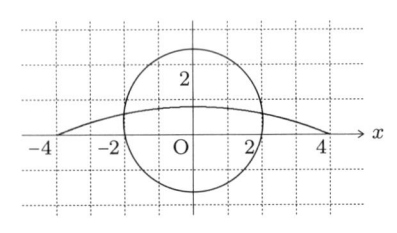

図 **8.6**　反り（キャンバー）を有する平板翼（円弧翼）

面上では図 8.6 に示すように反り（キャンバー）を有する平板翼（円弧翼）が得られる。

つぎに，円の中心が z 平面において第 2 象限に移動すると，ζ 平面上の図形として，図 8.7 に示すような，いわゆる Joukowski 翼が得られる。ただし，この図に示した例は，円の中心が $\theta = 3\pi/4$ 上にある場合である。

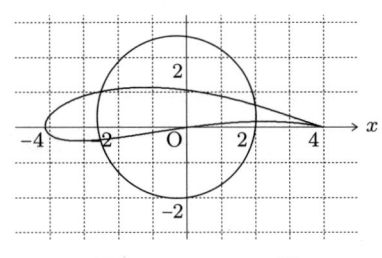

図 8.7 Joukowski 翼

9 Blasiusの定理

前章までに，いろいろな物体周りの流れの様子を調べてきた。本章では，その物体に働く力やモーメントを求める。特に，定常運動をしている非圧縮性流体の中に置かれた柱状物体に働く力とモーメントを与えるものを，**Blasius**（ブラジウス）**の定理**と呼ぶ。

9.1 線素 ds に働く力とモーメント

図 **9.1** に示すように，線素 ds に働く力 dF の x 成分，y 成分を考える。

$$dX = -pds\sin\alpha$$
$$dY = pds\cos\alpha$$

ここで $dF = dX + idY$ であるので

$$dF = -pds\sin\alpha + ipds\cos\alpha$$
$$= ipdse^{i\alpha}$$

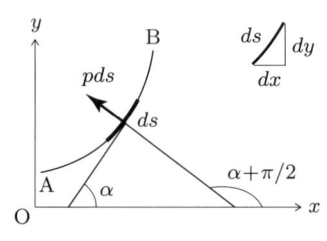

図 **9.1** 線素 ds に働く力の成分

を得る。

この dF の複素共役 $\overline{dF}$ をとると

$$\overline{dF} = dX - idY = -ipdse^{-i\alpha} = -ipdze^{-2i\alpha}$$

$$(dz = dx + idy = dse^{i\alpha})$$

となる。ゆえに

力の複素共役

$$\overline{F} = X - iY = -i\int_A^B pe^{-2i\alpha}dz \tag{9.1}$$

を得る。式 (9.1) の計算結果の複素共役をとれば，力 F を得る。

つぎに，原点に関するモーメント dM を求める。式 (9.1) で求めた力の関係式から

$$iz\overline{dF} = i(x+iy)(dX - idY)$$
$$= xdY - ydX + i(xdX + ydY)$$

という関係式が得られるが，$dM = xdY - ydX$ であるので，$dM = \mathrm{Re}\left(iz\overline{dF}\right)$ である。したがって

モーメント

$$M = \mathrm{Re}\left(\int_A^B pe^{-2i\alpha}z\,dz\right) \tag{9.2}$$

を得る。

9.2 物体全体に働く力とモーメント

つぎに，ベルヌーイの定理を利用して速度（複素速度ポテンシャル）との関係を求めよう。ベルヌーイの式は

9. Blasius の定理

$$p = \text{const.} - \frac{1}{2}\rho q^2 \tag{9.3}$$

と表され，さらに

$$q^2 = \left|\frac{dw}{dz}\right|^2 \tag{9.4}$$

$$\frac{dw}{dz} = u - iv = qe^{-i\alpha} \tag{9.5}$$

等々の関係がある。

物体全体に働く力およびモーメントを求めるためには，物体表面に沿って，全周にわたって線積分を行えばよい。一方，式 (9.5) より $(dw/dz)^2 = q^2 e^{-2i\alpha}$ の関係があるので，式 (9.3) の両辺に $e^{-2i\alpha}$ を掛けると

$$\begin{aligned}pe^{-2i\alpha} &= \left(\text{const.} - \frac{1}{2}\rho q^2\right)e^{-2i\alpha} \\ &= \text{const.}\, e^{-2i\alpha} - \frac{1}{2}\rho\left(\frac{dw}{dz}\right)^2\end{aligned} \tag{9.6}$$

となり，1 周積分における関係式

$$\oint \text{const.}\, e^{-2i\alpha} dz = 0$$

等々を用いることにより，Blasius の式はつぎのようにまとめられる。ここで，$\oint$ は物体表面全周に沿った線積分を表す。

Blasius の式

$$\begin{aligned}\overline{F} = X - iY &= -i\oint pe^{-2i\alpha} dz \\ &= \frac{1}{2}i\rho \oint \left(\frac{dw}{dz}\right)^2 dz\end{aligned} \tag{9.7}$$

$$\begin{aligned}M &= \text{Re}\left(\oint pe^{-2i\alpha} z\, dz\right) \\ &= \text{Re}\left(-\frac{1}{2}\rho \oint \left(\frac{dw}{dz}\right)^2 z\, dz\right)\end{aligned} \tag{9.8}$$

なお，線積分を求めるにあたり，1.9 節でも述べた留数定理を用いている．

留数定理

ある閉曲線 C に沿ってある複素関数 $F(z)$ の線積分を行うと，その値はその曲線の内部の**極** (pole) の有無によって決まる．なお，$F(z)$ が $\dfrac{A_n}{(z-z_0)^n}$ の項（n：有限な自然数）を有する場合，$\boldsymbol{z=z_0}$ **で極がある**という．

(1) このような極がなければ $\oint F(z)dz = 0$ となり（コーシーの積分定理），

(2) 極があり，かつ $A_1 \neq 0$ であれば $\oint F(z)dz = 2\pi i A_1$ となる．

これを**留数定理**という．

極の性質さえわかれば，線積分を実行することなく，留数定理によってその値を求めることができるようになる．このことを知ると，物体に沿って線積分を実行する際，その物体の外側に極がなければ，その積分路は物体を取り巻く任意の積分路に沿って線積分してよい．

課題：循環 Γ を有する円柱に働く力

ある循環 Γ を有する円柱周りの流れを表す複素速度ポテンシャルが，次式で表されるとする．

$$w = U\left(z + \frac{a^2}{z}\right) + \frac{i\Gamma}{2\pi}\log z$$

式 (9.7), (9.8) の Blasius の式を用いて，円柱に働く力と原点周りのモーメントを求めよ．

---

10 鏡像の方法

　これまでに学んできた中で，種々の流線を求めたり描いたりしてきた。その中で最も重要なことは，流線を横切って流体は流れない，すなわち，流線を固体の壁と見なしてよいということである。例えば，式 (5.28) の $w = Uz + U\dfrac{a^2}{z}$ における「ゼロ流線」を描くと，半径 a の円となり，結局この式は一様流速 U の中に置かれた半径 a の円の周りの流れを表している。

　したがって，流体中に吹き出し，吸い込み，二重吹き出し等々を分布させ，これらによりある流れが生じているとすると，この流れにより形成されるある流線を，固体壁と置き換えることができる。

　いま，ある関数 $f(z)$ に対し，それに対応した関数 $g(z)$ を考える。もしも z に関するある条件下で $g(z)$ が $f(z)$ の複素共役 $\overline{f(z)}$ になっているならば，$F(z) = f(z) + g(z) = f(z) + \overline{f(z)} =$ 実数となる。ここで，$F(z)$ を複素速度ポテンシャルとすると，$F(z) = \phi + i\psi =$ 実数は，$\mathrm{Im} F = \psi = 0$ を意味する。

　例えば，$z\bar{z} = a^2$ という条件下で，$F =$ 実数となれば，原点を中心とする半径 a の円 ($z\bar{z} = a^2$) がゼロ流線 ($\psi = 0$) となり，固体壁と見なせるので，この流れは原点を中心とする半径 a の円の周りのなんらかの流れを表すことになる。

　このように，ある流線を固体壁と見なす場合，この固体壁（曲面）を挟んで両側に分布された湧き出しなどを考えると，それらの分布はこの曲面に対して鏡像になっている[†]。このことを利用すると，ある固体壁が存在する場合の流体の運動を求めることができる。

[†] 流れの分布が曲面に対して鏡像になっていると，両側の流れがちょうど曲面のところで「打ち消し合い」，曲面がゼロ流線となる。

10.1 壁が平板の場合

いま，正則なある関数 $f(z)$ を考える。$f(z) = \phi(x,y) + i\psi(x,y)$ に対して $f(\bar{z})$, $\overline{f(\bar{z})}$ を考えると

$$f(z) = \phi(x,y) + i\psi(x,y) \tag{10.1}$$

$$f(\bar{z}) = \phi(x,-y) + i\psi(x,-y) \tag{10.2}$$

$$\overline{f(\bar{z})} = \phi(x,-y) - i\psi(x,-y) \tag{10.3}$$

となる。詳しい議論は省略するが

$$F(z) = f(z) + \overline{f(\bar{z})} \tag{10.4}$$

も正則な関数となる。さらに，式 (10.1) と式 (10.3) を加えて，$y=0$ と置くと

$$F(x) = f(x) + \overline{f(\bar{x})} = 実数 \tag{10.5}$$

となる。すなわち，$y=0$（x 軸）という条件下で，$\mathrm{Im}\,F = \psi = 0$ が成り立つので，式 (10.4) で表現される $F(z)$ を複素速度ポテンシャルとする流れは，x 軸（$y=0$）をゼロ流線（平板の固体壁）とする流れとなる。すなわち，このとき $f(z)$ と $\overline{f(\bar{z})}$ は x 軸に対してたがいに鏡像となっている。

10.1.1 湧き出しの鏡像

図 10.1 のように，平板の固体壁の近くに湧き出しが分布している場合を考えよう。強さ m の湧き出しが z_0 にある場合の複素速度ポテンシャルは

$$f(z) = m\log(z - z_0) \tag{10.6}$$

と表される。一方，その鏡像は $\overline{f(\bar{z})}$ であるので

$$\overline{f(\bar{z})} = m\log(z - \overline{z_0}) \tag{10.7}$$

となる。

図 10.1　湧き出しの平板に対する鏡像　　図 10.2　湧き出しの平板に対する鏡像の例

ここで，新たな複素速度ポテンシャルを $F(z) = f(z) + \overline{f(\overline{z})}$ とすると

$$F(z) = m\log(z - z_0) + m\log(z - \overline{z_0}) \tag{10.8}$$

となる．いま，$F(z)$ の x 軸上 ($y = 0$) の値は，式 (10.5) より実数となっており，$\psi = 0$ を得るので，x 軸はゼロ流線となる．すなわち，図 10.1 のように，ある湧き出しと同じ強さの湧き出しを平板（ここでは x 軸）に対して鏡像の位置に置くと，その湧き出しが平板近くに分布した場合の流れを表すようになる．流れの様子の一例を図 10.2 に示す．

10.1.2　渦糸の鏡像

つぎに，図 10.3 のように渦糸が平板近くに分布している場合を考えよう．強さ m の渦糸が z_0 にある場合の複素速度ポテンシャルは

$$f(z) = im\log(z - z_0) \tag{10.9}$$

と表される．一方，その鏡像は $\overline{f(\overline{z})}$ であるので

$$\overline{f(\overline{z})} = -im\log(z - \overline{z_0}) \tag{10.10}$$

となる．

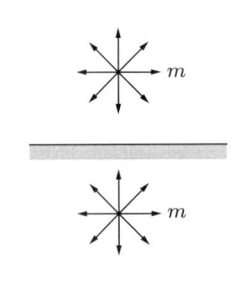

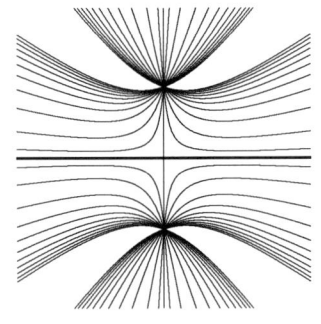

ここで，新たな複素速度ポテンシャルを $F(z) = f(z) + \overline{f(\overline{z})}$ とすると

$$F(z) = im\log(z - z_0) - im\log(z - \overline{z_0}) \tag{10.11}$$

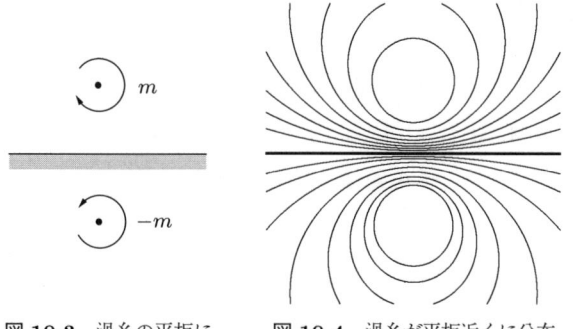

図 10.3 渦糸の平板に対する鏡像

図 10.4 渦糸が平板近くに分布した場合の流れの例

となる。いま，$F(z)$ の x 軸上 ($y=0$) の値は，式 (10.5) より実数となっており，$\psi = 0$ を得るので，x 軸はゼロ流線となる。すなわち，図 10.3 のように，ある渦糸と強さが等しく符号が反対の渦糸を，平板（ここでは x 軸）に対して鏡像の位置に置くと，その渦糸が平板近くに分布した場合の流れを表すようになる。流れの様子の一例を図 10.4 に示す。

10.1.3 二重湧き出しの鏡像

つぎに，図 10.5 のように二重湧き出しが平板近くに分布している場合を考えよう。強さ m（m：複素数）の二重湧き出しが z_0 にある場合の複素速度ポテンシャルは

図 10.5 二重湧き出しの平板に対する鏡像

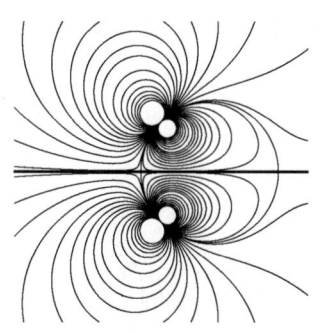

図 10.6 二重湧き出しが平板近くに分布した場合の流れの例

$$f(z) = \frac{m}{z - z_0} \tag{10.12}$$

と表される。ここで，二重湧き出しは図 10.5 に示すように，湧き出し（吸い込み）の方向が x 軸に平行とは限らないので，強さ m を複素数（すなわち y 成分を持つ）とした。一方，その鏡像は $\overline{f(\bar{z})}$ であるから

$$\overline{f(\bar{z})} = \frac{\overline{m}}{z - \overline{z_0}} \tag{10.13}$$

となる。

ここで，新たな複素速度ポテンシャルを $F(z) = f(z) + \overline{f(\bar{z})}$ とすると

$$F(z) = \frac{m}{z - z_0} + \frac{\overline{m}}{z - \overline{z_0}} \tag{10.14}$$

となる。これは z_0 の位置に強さ m の二重湧き出しがあり，z_0 の鏡像の位置 $\overline{z_0}$ に強さ $\overline{m}$ の二重湧き出しがあるときの流れである。

いま，$F(z)$ の x 軸上（$y = 0$）の値は，式 (10.5) より実数となっており，$\psi = 0$ を得るので，x 軸はゼロ流線となる。すなわち，図 10.5 のように，ある二重湧き出しと強さが等しくその方向が鏡像の関係になっている二重湧き出しを，平板（ここでは x 軸）に対して鏡像の位置に置くと，その二重湧き出しが平板近くに分布した場合の流れを表すようになる。流れの様子の一例を**図 10.6**に示す。

10.2　壁が円の場合（Milne-Thomson の円定理）

いま，正則なある関数 $f(z)$ を考える。10.1 節と同様な考察により，$f(z) = \phi(x,y) + i\psi(x,y)$ に対して $f\left(\dfrac{a^2}{\bar{z}}\right)$, $\overline{f\left(\dfrac{a^2}{\bar{z}}\right)}$ を考える。そして式 (10.4) と同様につぎの式を考える。

$$F(z) = f(z) + \overline{f\left(\frac{a^2}{\bar{z}}\right)} \tag{10.15}$$

式 (10.15) において，半径 a の円周上の値を見てみると，半径 a の円周上では $z\bar{z} = a^2$ であるので

$$F(z) = f(z) + \overline{f\left(\frac{a^2}{\bar{z}}\right)} \tag{10.16}$$

$$= f(z) + \overline{f(z)} \tag{10.17}$$

$$= 実数 \tag{10.18}$$

となり，円周上では $\mathrm{Im}F = \psi = 0$ となる．つまり，式 (10.15) により円を一つの流線，すなわち円を壁とする流れの複素速度ポテンシャルが得られることになる．これを **Milne-Thomson**（ミルン・トムソン）**の円定理**という．なお，このとき $\overline{f\left(\frac{a^2}{\bar{z}}\right)}$ は，半径 a の円に対して $f(z)$ の鏡像になっている．

10.2.1 一様流の鏡像

速さ U の一様流を表す複素速度ポテンシャルは

$$f(z) = Uz \tag{10.19}$$

と表される．一方，半径 a の円に対するその鏡像は $\overline{f\left(\frac{a^2}{\bar{z}}\right)}$ であるので

$$\overline{f\left(\frac{a^2}{\bar{z}}\right)} = U\frac{a^2}{z} \tag{10.20}$$

となる．

ここで，新たな複素速度ポテンシャルを $F(z) = f(z) + \overline{f\left(\frac{a^2}{\bar{z}}\right)}$ とすると

$$F(z) = U\left(z + \frac{a^2}{z}\right) \tag{10.21}$$

となる．この式が一様流 U 中に置かれた半径 a の円の周りの流れを表すことはすでに学んでいる．10.2.4 項で後述するが，原点にある $\dfrac{a^2}{z}$ は無限遠方にある二重湧き出しの鏡像と理解できる．

10.2.2 湧き出しの鏡像

つぎに，図 **10.7** のように，円の固体壁の近くに湧き出しが分布している場合の流れを考えよう．強さ m（> 0）の湧き出しが z_0 にある場合の複素速度ポテンシャルは

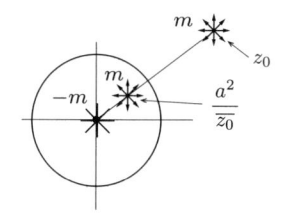

図 10.7 湧き出し（$m > 0$）の円に対する鏡像

$$f(z) = m \log(z - z_0) \tag{10.22}$$

と表される。一方，半径 a の円に対するその鏡像は $\overline{f\left(\dfrac{a^2}{\overline{z}}\right)}$ であるので

$$\overline{f\left(\dfrac{a^2}{\overline{z}}\right)} = m \log\left(\dfrac{a^2}{z} - \overline{z_0}\right) \tag{10.23}$$

となる。

ここで，新たな複素速度ポテンシャルを $F(z) = f(z) + \overline{f\left(\dfrac{a^2}{\overline{z}}\right)}$ とすると

$$\begin{aligned} F(z) &= m \log(z - z_0) + m \log\left(\dfrac{a^2}{z} - \overline{z_0}\right) \\ &= m \log(z - z_0) + m \log\left(z - \dfrac{a^2}{\overline{z_0}}\right) - m \log z + \text{const.} \end{aligned} \tag{10.24}$$

となる。この式は，位置 z_0 に強さ m の湧き出しを置き，図 10.7 に示したように半径 a の円に対する z_0 の鏡像の位置 $\dfrac{a^2}{\overline{z_0}}$ とその円の中心とに，それぞれ同じ強さの湧き出しと吸い込みを置いたときの流れの複素速度ポテンシャルとなる。

半径 a の円周上では $z\overline{z} = a^2$ であるので，式 (10.24) は式 (10.25) のように書き換えられ，$F(z)$ は次式のように実数，すなわち $\operatorname{Im} F = \psi = 0$ となり，確かに半径 a の円が一つの壁となる。

$$F(z) = m \log(z - z_0) + m \,\overline{\log(z - z_0)} = \text{実数} \tag{10.25}$$

ここで注意しなければならないのは，$\log(z - z_0)$ の特異点は z_0 だけではな

く，$z=\infty$ も特異点であることである．ここで示された $m\log(z-z_0)$ は，z_0 から $2\pi m$ の流量が湧き出し，無限遠方に流れ去ること，つまり，$z=\infty$ に強さ m の吸い込みがあることを意味している．したがって，$m\log(z-z_0)$ で表される複素速度ポテンシャル（式 (10.22)）は，じつは位置 z_0 に強さ m の湧き出しを一つ置いただけでなく，それと同時に無限遠方に同じ強さの吸い込みを置いたときの複素速度ポテンシャルであるといえる．そして，式 (10.24) に含まれている $-m\log z$ は，$z=\infty$ に存在するその吸い込みの鏡像にほかならない．また，円内に着目すると，円は流線であるので，それを横切る流れ（円の内外を行き来する流れ）は存在せず，質量保存の視点からも，円内に 1 個の湧き出しのみが存在するような流れは起こり得ないため，その湧き出しに対応した吸い込みが円内に必要となる．流れの様子の一例を図 **10.8** に示す．

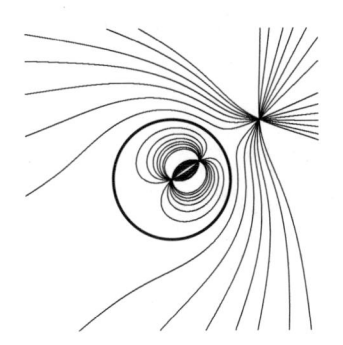

図 **10.8** 湧き出しが円の近くに分布した場合の流れの例

つぎに，この場合の円に働く力を求めてみよう．簡単にするために，式 (10.24) において $z_0 = l\ (>a)$ とすると，次式になる．

$$F(z) = w(z) = m\log(z-l) + m\log\left(z - \frac{a^2}{l}\right) - m\log z + \text{const.} \tag{10.26}$$

したがって，複素速度は

$$\frac{dw}{dz} = \frac{m}{z-l} + \frac{m}{z-\dfrac{a^2}{l}} - \frac{m}{z} \tag{10.27}$$

となるので，円柱表面（$z = ae^{i\theta}$）での複素速度および速度 q は，それぞれ

$$\left(\frac{dw}{dz}\right)_{z=ae^{i\theta}} = \frac{-2\,l\,m\,\sin\theta(\sin\theta + i\cos\theta)}{a^2 + l^2 - 2\,a\,l\,\cos\theta}$$

$$q = \frac{2\,l\,m\,|\sin\theta|}{a^2 + l^2 - 2\,a\,l\,\cos\theta} \tag{10.28}$$

となる．ここで，$m/l = U$（一定）となるように m を決めて，$l \to \infty$ の極限操作をすると，$q \to 2U|\sin\theta|$ となる．すなわち，すでに学習した一様流 U 中に置かれた円柱周りの速度分布と一致することがわかる．

このことは，10.2.1 項で湧き出しを無限遠方に移動すると一様流が形成されるとしたことを裏付けている．その詳細は，改めて後述する．

この場合，最大速度を与える円柱上の角度 θ は，$dq/d\theta = 0$ より

$$\cos\theta = \frac{2al}{l^2 + a^2}$$

を満足する θ である．このときも $l \to \infty$ の極限操作をすると，$\theta = \pi/2$ となり，先ほどの $q \to 2U|\sin\theta|$ が最大値をとる θ と一致する．

圧力分布は，ベルヌーイの式 $p_\infty + 1/2\rho U^2 = p + 1/2\rho q^2$ を用いて

$$p - p_\infty = \frac{1}{2}\rho U^2 - \frac{1}{2}\rho \frac{4l^2 m^2 \sin^2\theta}{(a^2 + l^2 - 2\,a\,l\,\cos\theta)^2} \tag{10.29}$$

となり，先ほどと同様に $m/l = U$（一定）とすると

$$p - p_\infty = \frac{1}{2}\rho U^2 \left\{1 - \frac{4\sin^2\theta}{(a^2/l^2 + 1 - 2a/l\,\cos\theta)^2}\right\} \tag{10.30}$$

となる．このときも，$l \to \infty$ の極限操作をすると

$$p - p_\infty = \frac{1}{2}\rho U^2(1 - 4\sin^2\theta) \tag{10.31}$$

となり，先ほどの $q \to 2U|\sin\theta|$ と同様に，すでに学習した一様流 U 中に置かれた円柱周りの圧力分布と一致することがわかる．図 **10.9** に，$l = 3a$ の場合の比較を示す．

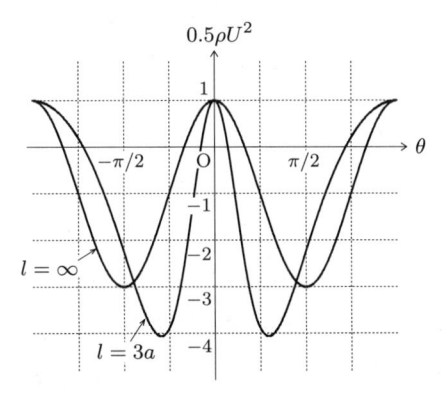

10.2 壁が円の場合（Milne-Thomson の円定理）

図 10.9 円柱周りの圧力分布の比較
（$l = \infty$ および $l = 3a$ の場合）

この図に示されているように，もうすでに x 方向の圧力分布はその対称性を失い，非対称になっていることがわかる．すなわち，x 方向（湧き出しの配置された方向）に力を受ける．その力を求めてみよう．

式 (10.30) の圧力の式を円柱に働く力を求める式に代入すると，次式を得る．

$$F_x + iF_y = -a \int_o^{2\pi} p e^{i\theta} d\theta$$

$$= 2\rho U^2 a \int_o^{2\pi} \frac{\sin^2\theta \; e^{i\theta}}{(a^2/l^2 + 1 - 2a/l \cos\theta)^2} d\theta \tag{10.32}$$

上式の積分を実行することにより

$$F_x + iF_y = (F_x \text{は正}) + i (F_y \text{はゼロ}) \tag{10.33}$$

となる．したがって，この場合，円柱は湧き出しの方向に引き寄せられる．x 方向の力 F_x を $1/2\rho U^2 a$ で除したものを縦軸に，$l\,(>a)$ を a で除したものを横軸にとったグラフを図 10.10 に示す（ただし，$a = 1$，$\rho = 1$，$u = 1$ とした）．l が小さい場合，湧き出しによる吸引力は非常に大きいが，l が大きくなるに従い急速にその力は減少し，$l = \infty$ でその値は「ゼロ」，すなわち，一様流中に置かれた円柱の場合と等しくなる．

これはちょうど，漏斗の中に入れたピンポン球が漏斗側から吹き出した風により，漏斗に引き寄せられ，逆さにしても落ちない現象の簡単な説明になる．

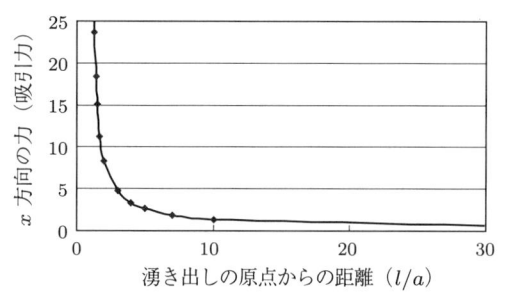

図 10.10 円柱に働く湧き出しの吸引力

先ほどからの議論において，湧き出しが無限遠方に移動すると，円柱表面の速度分布や圧力分布が，一様流中に置かれた場合のそれと一致することがわかった。

それでは，その極限において一様流が実現するか否かを確認しよう。すなわち，z_0 にある湧き出しを無限遠方に移動し，その鏡像である無限遠方にある吸い込みとその位置を一致させた場合，そのような極限において，流れがどのようなものになるかを調べてみよう。ここでは，すでに述べた，強さの等しい湧き出しと吸い込みを限りなく近づけた場合の極限操作と同じ取り扱いをするものとする。

いま，簡単にするために，前と同様に，式 (10.24) において z_0 が実軸上 ($z_0 = l$：実数) にあるとすると，次式になる。

$$F(z) = m\log(z-l) + m\log\left(z - \frac{a^2}{l}\right) - m\log z + \text{const.} \quad (10.34)$$

つぎに $l \to \infty$ の極限値を考えると，式 (10.34) の第 1 項 ($F_1(z)$ とする) は，つぎのように表される。

$$\begin{aligned}F_1(z) &= m\log(z-l) \\ &= m\log\left(1 - \frac{z}{l}\right) + \text{const.}\end{aligned}$$

もしも $z/l \ll 1$ ($l \to \infty$) ならば

$$\cong -\frac{mz}{l} + \text{const.} \quad (10.35)$$

第 2 項と第 3 項（合わせて $F_2(z)$ とする）は，つぎのように表される。

$$\begin{aligned} F_2(z) &= m\log\left(z - \frac{a^2}{l}\right) - m\log z \\ &= m\left(\log z + \log\left(1 - \frac{a^2}{l}\frac{1}{z}\right) - \log z\right) \\ &= m\left(-\frac{a^2}{l}\frac{1}{z} - \frac{a^4}{l^2}\frac{1}{2z^2} - \cdots\right) \\ &\cong -\frac{ma^2}{lz} \end{aligned} \tag{10.36}$$

したがって，これらの式を式 (10.34) に代入し，$l \to \infty$ の極限操作をする際に $-m/l = U$（一定）となるように m を決めておくと，次式を得る。

$$\begin{aligned} F(z) &= F_1(z) + F_2(z) \\ &\cong -\frac{mz}{l} - \frac{ma^2}{lz} \\ &\Rightarrow U\left(z + \frac{a^2}{z}\right) \end{aligned} \tag{10.37}$$

このことは，円外にある湧き出しと吸い込みが極限である無限遠方において二重湧き出しとなり，円内にある湧き出しと吸い込みも極限である原点において二重湧き出しとなって，無限遠方の二重湧き出しの鏡像として原点に二重湧き出しを形成することを示している。さらに，無限遠方にある二重湧き出しが，極限として一様流を形成した結果として，一様流中に配置された二重湧き出し周りの流れ，すなわち，一様流中の円周りの流れを表していることを示している。$l = 50a$ の場合の流れの様子を図 **10.11** に示す。一様流中に置かれた円周り

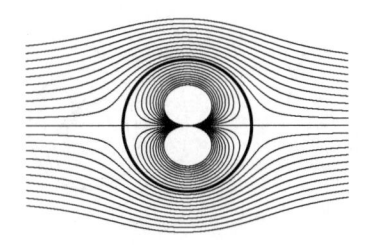

図 10.11 湧き出しが円の遠方（$l = 50a$）に分布した場合の流れの例

の流れに酷似していることがわかる。もちろん，式 (10.37) に示されているように，$l \to \infty$ の極限操作をすると完全にその流れと一致する。

10.2.3 渦糸の鏡像

強さ m の渦糸が z_0 にある場合の複素速度ポテンシャルは

$$f(z) = i\,m \log(z - z_0) \tag{10.38}$$

と表される。一方，半径 a の円に対するその鏡像は $\overline{f\left(\dfrac{a^2}{\overline{z}}\right)}$ であるので

$$\overline{f\left(\dfrac{a^2}{\overline{z}}\right)} = -i\,m \log\left(\dfrac{a^2}{z} - \overline{z_0}\right) \tag{10.39}$$

となる。

ここで，新たな複素速度ポテンシャルを $F(z) = f(z) + \overline{f\left(\dfrac{a^2}{\overline{z}}\right)}$ とすると

$$\begin{aligned}
F(z) &= i\,m \log(z - z_0) - i\,m \log\left(\dfrac{a^2}{z} - \overline{z_0}\right) \\
&= i\,m \log(z - z_0) - i\,m \log\left(z - \dfrac{a^2}{\overline{z_0}}\right) \\
&\quad + i\,m \log z + \text{const.}
\end{aligned} \tag{10.40}$$

となる。この式は，位置 z_0 に強さ m の渦糸を置き，図 **10.12** に示すように，半径 a の円に対する z_0 の鏡像の位置 $\dfrac{a^2}{\overline{z_0}}$ に，強さが等しく反対方向（$-m$）の

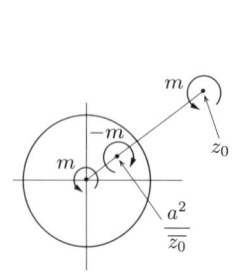

図 **10.12** 渦糸の円に対する鏡像

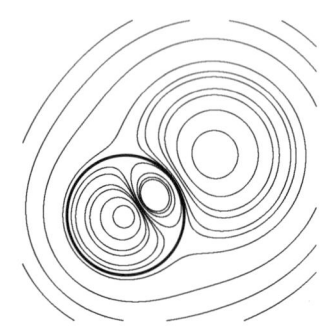

図 **10.13** 渦糸が円の近くに分布した場合の流れの例

10.2 壁が円の場合（Milne-Thomsonの円定理）

渦糸と，その円の中心に強さが等しく同じ方向（m）の渦糸を置いたときの流れの複素速度ポテンシャルとなる．流れの様子の一例を図 **10.13** に示す．

ここで，つぎのことに注意しなければならない．例えば，強さ m の渦糸が z_0 に配置されている場合の複素速度ポテンシャルは $im\log(z-z_0)$ であるが，その特異点は z_0 だけでなく，$z = \infty$ も特異点である．これは，z_0 にある強さ m の渦糸と，無限遠方にある強さが等しく反対方向の渦糸とが対になっていることを示している．

式 (10.24) と式 (10.40) を見ると，それぞれの式に $-m\log z$，$im\log z$ が含まれている．これは，$z = \infty$ に存在する湧き出し，反対方向の渦糸の鏡像そのものであることを示している．

10.2.4 二重湧き出しの鏡像

つぎに，図 **10.14** のように，円の固体壁の近くに二重湧き出しがある場合の流れを考えよう．強さ m の二重湧き出しが z_0 にある場合の複素速度ポテンシャルは，その方向（m：複素数）を考慮して

$$f(z) = -\frac{m}{z-z_0} \tag{10.41}$$

と表される．一方，半径 a の円に対するその鏡像は $\overline{f\left(\dfrac{a^2}{\bar{z}}\right)}$ であるから

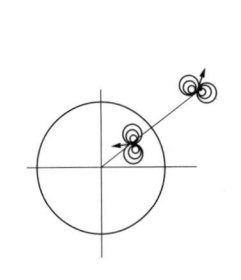

図 **10.14** 二重湧き出しの円に対する鏡像

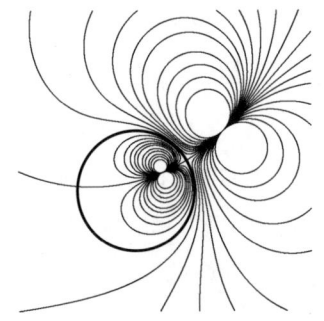

図 **10.15** 二重湧き出しが円の近くに分布した場合の流れの例

$$\overline{f\left(\frac{a^2}{\bar{z}}\right)} = -\frac{\overline{m}}{\dfrac{a^2}{z} - \overline{z_0}} \tag{10.42}$$

となる。

ここで,新たな複素速度ポテンシャルを $F(z) = f(z) + \overline{f\left(\dfrac{a^2}{\bar{z}}\right)}$ とすると

$$\begin{aligned}
F(z) &= -\frac{m}{z-z_0} - \frac{\overline{m}}{\dfrac{a^2}{z} - \overline{z_0}} \\
&= -\frac{m}{z-z_0} + \frac{\overline{m}z}{\overline{z_0}z - a^2} \\
&= -\frac{m}{z-z_0} + \overline{m}\frac{a^2}{\overline{z_0}^2}\frac{1}{z - \dfrac{a^2}{\overline{z_0}}} + \mathrm{const.} \quad \left(= \frac{\overline{m}}{\overline{z_0}}\right)
\end{aligned} \tag{10.43}$$

となる。この式は,図 10.14 に示したように,位置 z_0 に強さ m の二重湧き出しがあり,半径 a の円に対する z_0 の鏡像の位置 $\dfrac{a^2}{\overline{z_0}}$ に,強さが $\dfrac{\overline{m}a^2}{\overline{z_0}^2}$ の二重湧き出しがあるときの流れの複素速度ポテンシャルとなる。流れの様子の一例を図 **10.15** に示す。

つぎに,位置 z_0 にある二重湧き出しを無限遠方に移動すると,その鏡像の位置にある円内の二重湧き出しは原点に移動する。その極限における流れがどのようなものであるかを調べてみよう。

いま,簡単にするために,式 (10.43) において z_0 が実軸上($z_0 = l$: 実数)にあり,m が実数であるとすると,次式になる。

$$F(z) = -\frac{m}{z-l} + m\frac{a^2}{l^2}\frac{1}{z - \dfrac{a^2}{l}} + \mathrm{const.} \tag{10.44}$$

つぎに,この式 (10.44) の $l \to \infty$ の極限値を考えよう。まず,式 (10.44) の第 1 項($F_1(z)$ とする)は,つぎのように表される。

$$\begin{aligned}
F_1(z) &= -\frac{m}{z-l} \\
&= \frac{m}{l\left(1 - \dfrac{z}{l}\right)}
\end{aligned}$$

もしも，$z/l \ll 1$ $(l \to \infty)$ ならば

$$F_1(z) = \frac{m}{l}\left(1 + \frac{z}{l}\right)$$
$$= \frac{m}{l^2}z + \text{const.} \tag{10.45}$$

となる。この式 (10.45) を上の式 (10.44) に代入し，$l \to \infty$ の極限操作をする際に $m/l^2 = U$（一定）となるように m を決めておくと，次式を得る。

$$F(z) = \frac{m}{l^2}z + m\frac{a^2}{l^2}\frac{1}{z - \dfrac{a^2}{l}}$$

$$\Rightarrow U\left(z + \frac{a^2}{z}\right) \tag{10.46}$$

このことは，原点にある a^2/z の二重湧き出しは無限遠方にある二重湧き出しの鏡像であると理解できることを示している。さらに，無限遠方にある二重湧き出しが，その極限として一様流を形成した結果，一様流中に配置された二重湧き出し周りの流れ，すなわち，一様流中の円周りの流れを形成していることを示しており，これは 10.2.1 項および 10.2.2 項で述べたことの証明でもある。

$l = 50a$ の場合の流れの様子を**図 10.16** に示す。一様流中に置かれた円周りの流れに酷似していることがわかる。もちろん，式 (10.46) に示されているように，$l \to \infty$ の極限操作をすると，完全にその流れと一致する。

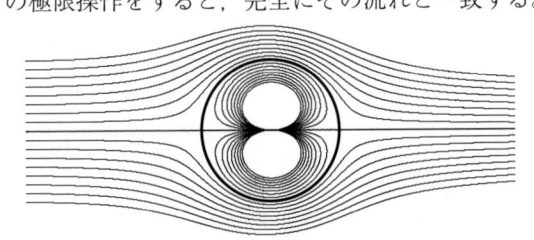

図 10.16　二重湧き出しが円の遠方 $(l = 50a)$ に分布した場合の流れの例

10.2.5 双子渦の鏡像

つぎに，**図 10.17** のように円の固体壁の近くに双子渦が分布している場合の流れを考えよう。強さ m の渦糸の対が z_0 と $\overline{z_0}$ にある場合の複素速度ポテン

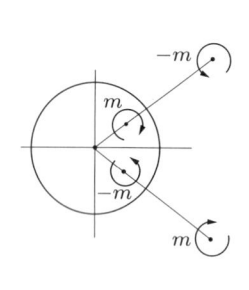

図 10.17 双子渦の円に対する鏡像

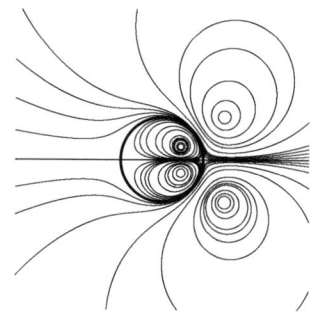

図 10.18 双子渦が円の近くに分布した場合の流れの例

シャルは

$$f(z) = im\log(z-z_0) - im\log(z-\overline{z_0}) \tag{10.47}$$

と表される.一方,円 ($z\bar{z}=a^2$) に対するその鏡像は $\overline{f\left(\dfrac{a^2}{\bar{z}}\right)}$ であるので

$$\overline{f\left(\dfrac{a^2}{\bar{z}}\right)} = -im\log\dfrac{\dfrac{a^2}{z}-\overline{z_0}}{\dfrac{a^2}{z}-z_0} \tag{10.48}$$

となる.

ここで,新たな複素速度ポテンシャルを $F(z) = f(z) + \overline{f\left(\dfrac{a^2}{\bar{z}}\right)}$ とすると

$$\begin{aligned}F(z) &= im\log\dfrac{z-z_0}{z-\overline{z_0}} - im\log\dfrac{\dfrac{a^2}{z}-\overline{z_0}}{\dfrac{a^2}{z}-z_0} \\ &= im\log\dfrac{z-z_0}{z-\overline{z_0}} - im\log\dfrac{z-\dfrac{a^2}{\overline{z_0}}}{z-\dfrac{a^2}{z_0}} + \text{const.} \end{aligned} \tag{10.49}$$

となる.ところで,一つの渦糸の場合は,それ自身の鏡像のほかに,それと対になる無限遠方にある反対方向の渦糸の鏡像が原点に現れ,円内にそれぞれ反対方向の二つの渦糸が出現した.一方,強さの等しい二つの対の渦糸の場合

10.2 壁が円の場合（Milne-Thomson の円定理）

は，それ自体で対をなしているため，円内のその鏡像の個数としては四つにならず二つのままである。これは，それぞれの渦糸と対になっている無限遠方の渦糸の鏡像がともに円の中に現れ，強さが等しく反対方向なので消去し合ったと見なすこともできる。もしくは，一つの渦糸の場合の無限遠方にあった対の渦糸が，たがいにすぐ傍まで近づいたものと見なすこともできる。強さが等しく反対方向の二つの渦糸（**双子渦**）がある場合の流れの例を，**図 10.18** に示す。

当然のことながら，強さが異なっている二つの渦糸の場合は，無限遠方にあるそれぞれの対の渦糸どうしが消し合うことができなくなり，その結果として円内に四つの渦糸が出現することになるが，原点に出現した強さの異なる渦糸は合成され一つの渦糸になるので，結果的には三つの渦糸が出現することになる。詳細はつぎの 10.2.6 項で述べる。

円柱背後の双子渦の様子がわかったので，これに一様流を加えてみよう。すでに述べたように，それは無限遠方にある二重湧き出しの鏡像（a^2/z）を加えることと等価である。したがって，一様流中に置かれた円柱背後の双子渦を表す複素速度ポテンシャルは，先ほどの式 (10.49) に一様流に関する項を加えて，つぎのようになる。

$$F(z) = U\left(z + \frac{a^2}{z}\right) + im\log\frac{z - z_0}{z - \overline{z_0}} - im\log\frac{\dfrac{a^2}{z} - \overline{z_0}}{\dfrac{a^2}{z} - z_0}$$

$$= U\left(z + \frac{a^2}{z}\right) + im\log\frac{z - z_0}{z - \overline{z_0}} - im\log\frac{z - \dfrac{a^2}{\overline{z_0}}}{z - \dfrac{a^2}{z_0}} + \text{const.}$$

(10.50)

この場合の流れの例を**図 10.19** に示す。円内には双子渦の鏡像 2 個と，一様流の鏡像（二重湧き出し）1 個の合計 3 個の鏡像が出現する。双子渦の渦の強さおよびそれらの位置により，その流れの様子は若干異なるが，それらを調整することにより，おおむね一様流中に置かれた円柱背後に出現する双子渦の流れ

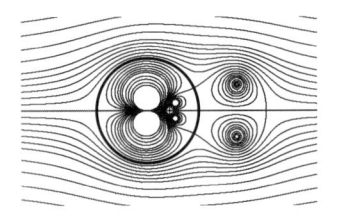

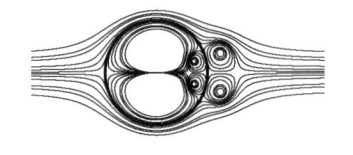

(a) 双子渦が円柱から離れている場合　(b) 双子渦が円柱に密接している場合

図 10.19　一様流中に置かれた円柱背後の双子渦の例

の様子を示している。すなわち，レイノルズ数が小さい場合の円柱背後に見られる双子渦のモデル化を示している。

10.2.6　強さの異なる二つの渦糸の鏡像

つぎに，図 10.20 のように円の固体壁の近くに強さの異なる二つの渦糸が分布している場合の流れを考えよう。強さ m_1, m_2 の渦糸が，それぞれ z_1, z_2 にある場合の複素速度ポテンシャルは

$$f(z) = im_1 \log(z - z_1) + im_2 \log(z - z_2) \tag{10.51}$$

と表される。一方，円 ($z\bar{z} = a^2$) に対するその鏡像は $\overline{f\left(\dfrac{a^2}{\bar{z}}\right)}$ であるので

$$\overline{f\left(\dfrac{a^2}{\bar{z}}\right)} = -im_1 \log\left(\dfrac{a^2}{z} - \overline{z_1}\right) - im_2 \log\left(\dfrac{a^2}{z} - \overline{z_2}\right) \tag{10.52}$$

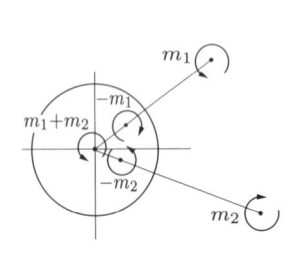

図 10.20　二つの渦糸の円に対する鏡像

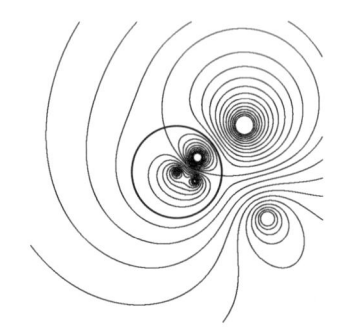

図 10.21　二つの渦糸が円の近くに分布した場合の流れの例

となる。

ここで，新たな複素速度ポテンシャルを $F(z) = f(z) + \overline{f\left(\dfrac{a^2}{\overline{z}}\right)}$ とすると

$$F(z) = im_1 \log \frac{z - z_1}{\dfrac{a^2}{z} - \overline{z_1}} + im_2 \log \frac{z - z_2}{\dfrac{a^2}{z} - \overline{z_2}}$$

$$= im_1 \log \frac{z - z_1}{z - \dfrac{a^2}{\overline{z_1}}} + im_2 \log \frac{z - z_2}{z - \dfrac{a^2}{\overline{z_2}}}$$

$$+ i(m_1 + m_2) \log z + \text{const.} \tag{10.53}$$

となる。異なる二つの渦糸に対してその鏡像は合計で四つ出現するはずであるが，この式を見ればわかるように，原点に出現する二つの渦糸が合成されて一つの渦糸になり，結果的に三つの渦糸が鏡像として出現することになっている。この場合の流れの例を図 **10.21** に示す。円内に異なる二つの渦糸の鏡像（原点以外）が二つと，原点に合成された一つの鏡像の渦糸の，合計三つの鏡像が出現している。

特に，$m_2 = -m_1$，$z_2 = \overline{z_1}$ ならば，二つの対の渦糸が鏡像の位置にあることになり，前項の式 (10.49) と同じになる。

円柱背後の二つの異なる渦糸の様子がわかったので，これに一様流を加えることは，すでに述べたように，無限遠方にある二重湧き出しの鏡像 (a^2/z) を加えることと等価である。したがって，背後に二つの異なる渦糸を有している円柱が一様流中に置かれた場合の複素速度ポテンシャルは，先ほどの式 (10.53) に一様流に関する項を加えて，つぎのようになる。

$$F(z) = U\left(z + \frac{a^2}{z}\right) + im_1 \log \frac{z - z_1}{z - \dfrac{a^2}{\overline{z_1}}} + im_2 \log \frac{z - z_2}{z - \dfrac{a^2}{\overline{z_2}}}$$

$$+ i(m_1 + m_2) \log z + \text{const.} \tag{10.54}$$

この場合の流れの例を図 **10.22** に示す。円内には二つの渦糸の鏡像が二つと，原点に出現した渦糸と一様流の鏡像（二重湧き出し）の合成されたもの一つの，合計三つの鏡像が出現する。

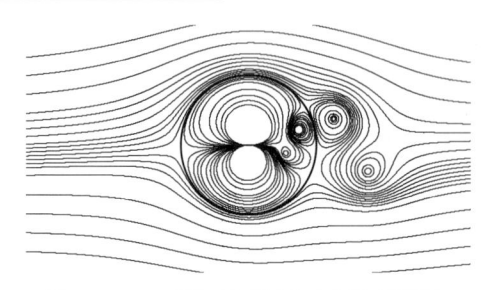

図 10.22 一様流中に置かれた円柱が背後に
二つの渦糸を有する場合

　円柱背後の二つの渦糸のそれぞれの強さおよび位置により，流れの様子は若干異なるが，それらを調整することにより，おおむね低レイノルズ数の場合に見られる，一様流中に置かれた円柱背後に出現していた双子渦がその成長につれてその対称性を崩し，非対称渦へと変化する様子を示している。すなわち，低レイノルズ数の場合に円柱背後に見られる非対称渦のモデル化を示している。さらに三つの渦糸の場合を**図 10.23**に示す。

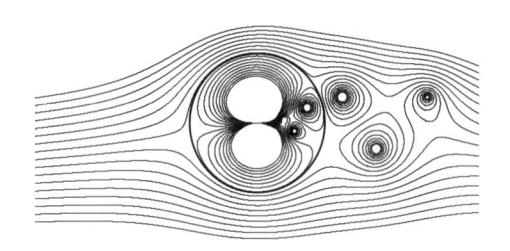

図 10.23 一様流中に置かれた円柱が背後に
三つの渦糸を有する場合

　以上の議論をもとにして，つぎのことがいえる。一様流 U 中に配置されている円柱の外側に，強さ，回転方向，位置などが異なる n 個の渦糸が配置されている場合，それらの円に対する鏡像を求め，それに一様流に関する項を加えることにより，この場合の複素速度ポテンシャル $F(z)$ はつぎのように求められる。

$$F(z) = U\left(z + \frac{a^2}{z}\right)$$

$$+ i \sum_{k=1}^{n} m_k \left\{ \log z + \log(z - z_k) - \log\left(z - \frac{a^2}{z_k}\right) \right\}$$
$$+ \text{const.} \tag{10.55}$$

この式 (10.55) を見るとわかるように，円柱背後にいくつかの渦糸を配置することにより，粘性流中の円柱背後に見られる，双子渦からの発展による**交互渦**の様子をある程度記述することができる．しかし，円柱表面に発達している境界層や円柱背後の後流の構造（非定常的な振動的変化）までは表現しきれていない．それでも，その構造を理解する一つのモデル化として，これまでの知識のみで表現できていることには大きな意義がある．

それでは，これまでの知識のみを用いて，円柱表面の境界層，円柱背後の後流の構造を表現するには，どのようにしたらよいだろうか．それらの構造はせん断層の集合体と考えられるので，せん断層の構造を考慮すると，その表現にこれまで学んできた渦糸の概念を適用することが考えられる．その詳細はつぎの 11 章で述べるが，そのことにより，任意物体周りの剥離を伴う粘性流の構造を明確にモデル化し，表現することができる．

本章で述べた，複素数とその鏡像による合成関数については，本来はこれらの関数論的性質を十分吟味した後に，鏡像により得られる関数の正則性を論じなければならないが，その議論は関数論の専門書に譲ることにする．

11 非粘性渦（渦糸）による粘性流のモデル化 ―渦糸近似法

10章において，鏡像の考えを用いて，一様流中に置かれた円柱背後に生成される非対称渦の構造をある程度記述することができた．しかし，円柱表面に生成している境界層（せん断層）を表現するまでには至っていない．さらに，物体形状が円に限定されているという制限がある．

本章では，非粘性渦としての渦糸（渦点）を用いて物体周りの粘性流を表現することを考える．すなわち，物体表面上の境界層も物体後流も，いずれもせん断層の集合と見なし，それぞれを渦糸（渦点）の集合で表現する（**渦糸近似法**という）．このことにより，物体形状は円に限らず任意形状物体に拡張でき，加えて，その任意形状物体背後に生成される非対称渦などの後流まで含めて統一的に表現することができる．

11.1　渦点による速度成層の表現

図 **11.1** に示すように，速度成層（境界層やせん断層）は，ある積分路 C に沿って速度を線積分することにより渦度を有していることがわかる．それを式で表せば，つぎのようになる．

$$\begin{aligned}\Gamma &= \oint_C \mathbf{u}\cdot d\mathbf{s} = \oint_C u dx + v dy \\ &= u_1 \times dx + 0\times dy + u_2 \times (-dx) + 0\times (-dy)\end{aligned} \quad (11.1)$$

これはつまり，速度成層はある渦度を有する渦点で（それぞれの積分路ごとに）離散的に表現できることを意味している．もちろん，その渦点の強さは速

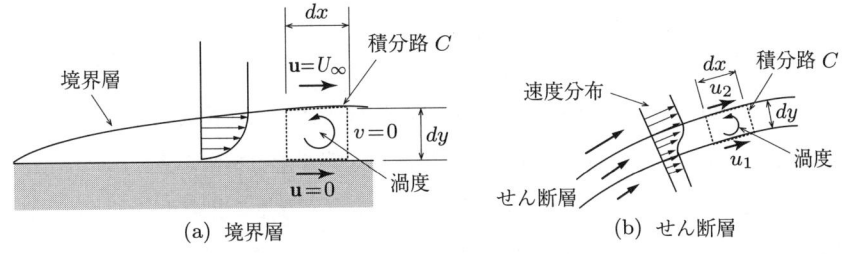

図 11.1 渦糸による速度成層の表現

度成層の構造によって決定されるべきものであり，その方法を次節以降に述べる。

11.2 渦点による物体の表現

物体表面の境界層（せん断層）を渦糸で表現すると同時に，物体形状そのものも併せて表現するために，**図 11.2** に示すように，物体表面に特異点である渦点を離散的に配置し，一様流と重ね合わせることにより，全体の流れ場を表現することを考えよう。ただし，この時点ではまだ物体後流を表現しておらず，一様流中に置かれた任意形状物体をいかに表現するかに限定している。物体後流の表現については，次節で述べる。

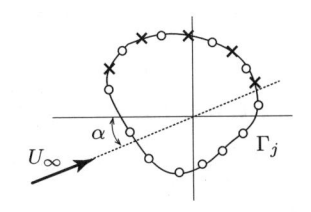

図 11.2 渦糸による物体の表現

一様流速を U_∞ とすると，流れ場全体の複素速度ポテンシャルは次式で与えられる[9]†。

---

† 肩付きの数字は，巻末の引用・参考文献の番号を示す。

$$f(z) = U_\infty z - \frac{i}{2\pi} \sum_{j=1}^{nv} \Gamma_j \log(z - z_j) \tag{11.2}$$

ここで，Γ_j は各渦点の循環，nv は配置した渦点数，z_j は各渦点の座標を表す複素数である．また，右辺第 1 項は一様流を，第 2 項は擾乱を表す．

式 (11.2) は，循環 Γ_j を与えれば流れ場が決定できることを示している．Γ_j を求める手法として，物体表面に垂直方向の速度成分は 0 であるという境界条件を用いる方法がある．すなわち

$$\overline{\left(\frac{df}{dz}\right)} \cdot \vec{n} = 0 \tag{11.3}$$

とする．ただし，$\vec{n}$ は表面に垂直方向の単位法線ベクトルである．この式 (11.3) を物体表面に配置した渦点間の各中点において評価する．この方程式において未知数は渦点の強さであるので，それに対する方程式と見ることができる．この式をよく見ると，未知数の数に対して，方程式の数が一致したり一つ少なかったりする．それは渦点の配置の仕方による．この詳細については文献 10) を参照されたい．

これら未知数に対する方程式に対して合理性，論理性を保持するために，加えて **Kelvin**（ケルビン）**の渦保存則** $\sum \Gamma_j = 0$ を適用することにより，Γ_j に関する連立方程式を得て，それを解くことで Γ_j を求める[10]．

求めた Γ_j を用いることにより，任意物体周りの流れを記述することができる．この時点では渦点は物体表面上のみに配置されており，流れ場中には存在しないことから，流れ場は非回転流と見なすことができる．すなわち，理想流体中に配置された任意物体周りの流れ場を表現できたことになる．

11.3　渦点による粘性流の表現

前節において，理想流体中に配置された任意物体周りの流れを，渦点を用いて表現することができた．つぎに，粘性流中に配置された任意物体周りの流れを記述することを考えよう．

11.3 渦点による粘性流の表現

本章の最初に述べたように，境界層に代表されるせん断層は，渦度を有する点の集合体であると見なせる。境界層が剥離を起こして後流を形成するが，それもせん断層の集合体と考えることができる。したがって，図 **11.3** のように，そこに複数の渦点を配置すれば，境界層はもちろん，剥離せん断層，後流等々を表現できることになる。

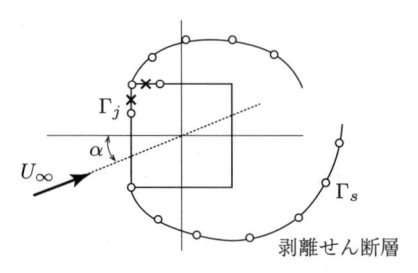

図 11.3 渦糸による剥離せん断層の表現

そこで，迎え角 α の一様流の複素速度ポテンシャル，物体表面を表す複素速度ポテンシャル，剥離せん断層を表す複素速度ポテンシャルを重ね合わせることにより，粘性流中に配置された物体周りの流れを表現する。

$$f(z) = U_\infty z e^{-i\alpha} - \frac{i}{2\pi} \sum_{j=1}^{nv} \Gamma_j \log(z - z_j)$$

$$- \frac{i}{2\pi} \sum_{s=1}^{sv} \Gamma_s \log(z - z_s) \tag{11.4}$$

ここで，Γ_j, Γ_s は各渦点の循環，nv, sv は配置した渦点数，z_j, z_s は各渦点の座標を表す複素数である。また，右辺第 1 項は一様流を，第 2 項は物体を，第 3 項は剥離せん断層をそれぞれ表す。

この場合の Kelvin の渦保存則は，次式で表される。

$$\sum_{j=1}^{nv} \Gamma_j + \sum_{s=1}^{sv} \Gamma_s = 0 \tag{11.5}$$

各時間ごとに「ある場所」からそこに存在する渦点が放出されるとすると，Γ_s はその点のその時刻における渦点の強さとなり，その都度求められているた

め，ここでは既知の値となる．したがって，式 (11.4), (11.5) において未知数は Γ_j のみとなるので，つぎに示す境界条件

$$\overline{\left(\frac{df}{dz}\right)} \cdot \vec{n} = 0 \tag{11.6}$$

とともに方程式系は閉じ，Γ_j を求めることができる．

計算結果の一例として，一様流中に置かれた迎え角 $10°$ の正方形柱周りの流れの例を図 **11.4** に示す．

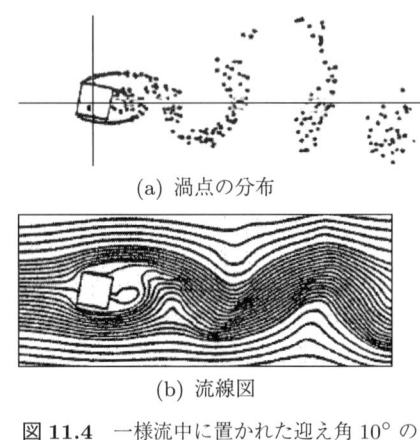

(a) 渦点の分布

(b) 流線図

図 **11.4** 一様流中に置かれた迎え角 $10°$ の正方形柱周りの流れの例

つぎに，この方法を図 **11.5** のような複数物体（2 物体）周りの粘性流へと拡張してみよう．単独物体の場合の複素速度ポテンシャルを個々の物体について表現し，それを重ね合わせることにより，複数物体周りの流れを表現する．

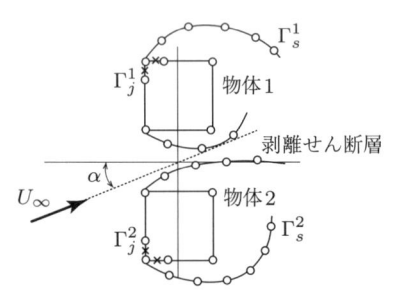

図 **11.5** 並列 2 角柱の例

11.3 渦点による粘性流の表現

$$f(z) = U_\infty z e^{-i\alpha}$$
$$-\frac{i}{2\pi}\sum_j \Gamma_j^1 \log(z-z_j^1) - \frac{i}{2\pi}\sum_s \Gamma_s^1 \log(z-z_s^1)$$
$$-\frac{i}{2\pi}\sum_j \Gamma_j^2 \log(z-z_j^2) - \frac{i}{2\pi}\sum_s \Gamma_s^2 \log(z-z_s^2) \tag{11.7}$$

付加条件式として，単独物体と同様に Kelvin の渦保存則の定理を用いる．それぞれの物体で渦度は保存されるので

$$\sum_j \Gamma_j^1 + \sum_s \Gamma_s^1 = 0 \tag{11.8}$$
$$\sum_j \Gamma_j^2 + \sum_s \Gamma_s^2 = 0 \tag{11.9}$$

となる．再び，単独物体と同様の境界条件 $\overline{\left(\dfrac{df}{dz}\right)}\cdot\vec{n}=0$ を用いることにより，方程式系は閉じ，Γ_j^1, Γ_j^2 を求めることができる[11]．

計算結果の一例として，一様流中に並列に配置された二つの正方形柱周りの流れの例を図 11.6 に示す．

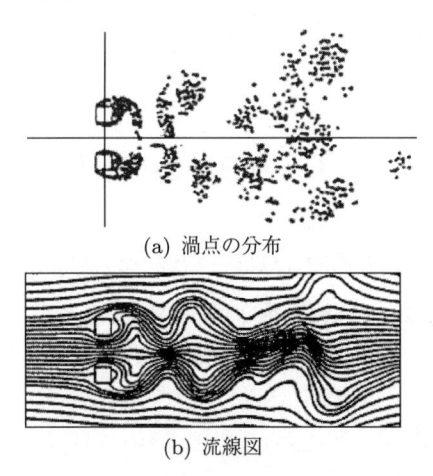

(a) 渦点の分布

(b) 流線図

図 11.6 並列 2 正方形柱周りの流れの例

12 仮 想 質 量

物体の振動に代表されるように,非定常運動する物体にはつねに加速度が働くため,**仮想質量**(付加質量)の影響が物体形状に特有な形でつねに現れる。文献 1) には,物体形状が「円」で非粘性流の場合についての詳細が数学的に厳密に記述されている。

ここでは,前章の非粘性渦を利用して,任意物体の仮想質量を正確に,および近似的に計算する方法を述べる。後述するように,その物体の複素速度ポテンシャルが正確に求められている場合は,その仮想質量は「正確に」求められる。一方,その複素速度ポテンシャルが正確に求められない場合は,その形状を表現する複素速度ポテンシャルを近似的に表現し,それを用いて仮想質量を求める[12]。

12.1 仮想質量の計算

計算対象とする物体周りの流れ場は,2 次元非圧縮非粘性ポテンシャル流とする。計算領域において内側境界を C_1, 外側境界を C_2 とし,その間の領域を S とするとき,運動エネルギーは以下のようにして得られる。

$$\begin{aligned} T &= \frac{1}{2}\rho \int_S q^2 dS \\ &= \frac{1}{2}\rho \int_S \frac{dw}{dz}\frac{d\bar{w}}{d\bar{z}} dS \\ &= \frac{1}{2}\rho \int_S \frac{\partial}{\partial z}\left(w\frac{d\bar{w}}{d\bar{z}}\right) dS \end{aligned} \quad (12.1)$$

$$\int_S \frac{\partial f(z,\bar{z})}{\partial z} dS = \frac{i}{2} \int_C f(z,\bar{z})\, d\bar{z} \text{ より}$$

$$T = -\frac{1}{4}i\rho \int_{C_1} w d\bar{w} + \frac{1}{4}i\rho \int_{C_2} w d\bar{w} \tag{12.2}$$

となる．ここで w は擾乱を表す複素速度ポテンシャルを表す．

式 (12.2) において，C_2 を無限遠方にとることにより，右辺第2項は0と見なせる．ゆえに，物体の運動により流れ場に擾乱が生じたとき，この擾乱により流体が得る運動エネルギーは，以下の式で表される．

$$T_f = -\frac{1}{4}i\rho \int_{C_1} w d\bar{w} \tag{12.3}$$

式 (12.3) において，擾乱を表す複素速度ポテンシャル w が与えられれば，流体が得る運動エネルギーを $T_f = \frac{1}{2}M^* U_\infty^2$ と等しいとして，以下のように仮想質量 M^* を直接求めることができる．

$$M^* = -\frac{1}{2U_\infty^2} i\rho \int_{C_1} w d\bar{w} \tag{12.4}$$

例として，円の場合の仮想質量を，式 (12.4) を用いて計算してみよう．一様流 U_∞ に置かれた半径 a の円の周りの流れを表す複素速度ポテンシャルは，すでに学んだように，次式で表される．

$$w = U_\infty \left(z + \frac{a^2}{z}\right)$$

この式の擾乱を表す項 $U_\infty \dfrac{a^2}{z}$ を式 (12.4) に代入し，線積分を実行すると，円の場合によく知られた $\rho \pi a^2$ を得ることができる．

12.2 離散渦法の応用

ここでは，擾乱を表す複素速度ポテンシャルを求める際に，離散渦法を用いてみよう．これは，物体表面に特異点である渦点を離散的に配置し，一様流と重ね合わせることにより全体の流れ場を表現する方法である．この方法は，物

体表面を離散渦で表現するため，内側境界 C_1 に対する自由度が大きく，しかも計算が容易であるという利点を持つ。

一様流速を U_∞ とすると，流れ場全体の複素速度ポテンシャルは，次式で与えられる。

$$f(z) = U_\infty z - \frac{i}{2\pi} \sum_{j=1}^{nv} \Gamma_j \log(z - z_j) \tag{12.5}$$

ここで，Γ_j は各渦点の循環，nv は配置した渦点数，z_j は各渦点の座標を表す複素数である。また，右辺第 1 項は一様流を，第 2 項は擾乱を表す。

式 (12.5) は，循環 Γ_j を与えれば流れ場が決定できることを示している。Γ_j を求める手法として，11.2 節の方法を用いる。

式 (12.4) では，擾乱を表す複素速度ポテンシャルについて，物体表面に沿った積分を行う。しかし，式 (12.5) の右辺第 2 項には複素数の対数が含まれている。複素数の対数関数は無限多価関数となるため，その積分はかなりの困難を伴う。そこで以下の近似を行う。式 (12.5) より一様流を表す第 1 項を除いたもの（擾乱項）を，改めて w と置く。

$$\begin{aligned} w &= -\frac{i}{2\pi} \sum_j \Gamma_j \log z \left(1 - \frac{z_j}{z}\right) \\ &= -\frac{i}{2\pi} \left\{ \sum_j \Gamma_j \log z + \sum_j \Gamma_j \log \left(1 - \frac{z_j}{z}\right) \right\} \end{aligned} \tag{12.6}$$

無限遠方では，擾乱は無限に小さいと見なせることから，式 (12.6) について原点周りの級数展開を行う。このとき，Kelvin の渦保存則により式 (12.6) における { } 内第 1 項が消去され，$|z_j|/|z| < 1$ において

$$w = \frac{i}{2\pi} \left\{ \frac{1}{z} \sum_j \Gamma_j z_j + \frac{1}{2z^2} \sum_j \Gamma_j z_j^2 + \cdots \right\} \tag{12.7}$$

となる。この近似により，物体が複雑な形状である場合においても積分路を比較的自由に設定することができる。式 (12.7) を式 (12.4) に代入することにより，仮想質量 M^* が求められることになる。しかし，この積分における積分路の選

択にはいろいろな考え方があり，それについては文献 12) に詳細に述べられているので参照されたい．積分路の一つとして提案されている「等価半径」を用

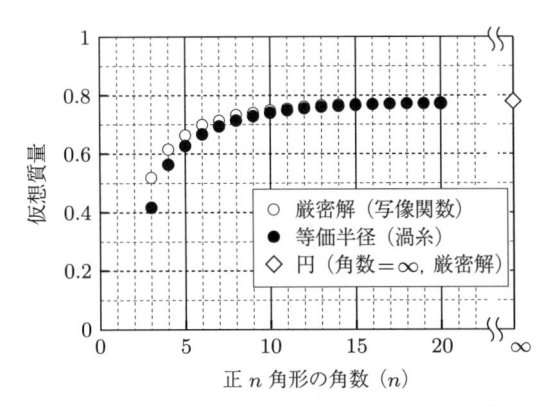

図 12.1 半径 1 の円に内接する正 n 角形の仮想質量

コーヒーブレイク

植物と仮想質量——植物は突風に強い？

植物が，例えば木が風に吹かれている状況や，水草が水の中で揺らいでいる状況などを考えてみると，いずれも流れが揺らいでおり，非定常な流れの中に置かれている．その場合，必ず仮想質量の効果を持って流体からの力を受けている．

その際，なぜ木や水草はこちらが思ったほど動かず，ダメージを受けないのだろうか（私にはそれほどダメージを受けていないように思える）．

それは，本章で述べているように，その木や水草自身が有する仮想質量（付加質量）によるといえないだろうか．風が息をついで吹いたり，水の流れが揺らいでいたりすることにより，仮想質量の効果が発揮され，流体側のエネルギーからすると，木や水草の実際の質量より重く感じるので，木や水草そのものを動かすためにすべてのエネルギーが使われるのではなく，一部は周りの流体を動かすために使われる．したがって，木や水草はこちらが思ったほどのエネルギーを流体側から受けないことになり，「それほど」ダメージを受けずにすむ．特に，水草のように周りの流体が水であり，その密度が水草の密度と比較して有為である場合は，その効果は大である．

ある意味で「柳に風」であるといえなくはない．自然は「賢い」と私は考えている．

いた計算例を図**12.1**に示す。かなり良い近似で計算されていることがわかる。特に，その角数が増すとともに急速に厳密解に近づき，最終的に（$n = \infty$）厳密解に一致する。

付　　録

A.1　変　数　変　換

いま，2次元平面における変数変換 $(x,y) \longleftrightarrow (\xi,\eta)$ を考える．

Jacobian J

それぞれの平面での面積素を考えると，それらの間にはつぎの関係がある．ただし，それぞれの平面での点は1対1に対応しているものとする．

$$dxdy = \frac{\partial(x,y)}{\partial(\xi,\eta)} d\xi d\eta = J d\xi d\eta \tag{A.1}$$

この J を **Jacobian**（ヤコビアン）と呼ぶ．上述したように，これはそれぞれの対応する面積素の比なので，「正」である必要がある（1対1対応でない場合は，この限りではない）．

いま，各変数の間にはつぎの関係がある．

$$x = x(\xi,\eta), \quad y = y(\xi,\eta)$$

もしくは

$$\xi = \xi(x,y), \quad \eta = \eta(x,y)$$

したがって

$$\frac{\partial}{\partial \xi} = \frac{\partial}{\partial x}\frac{\partial x}{\partial \xi} + \frac{\partial}{\partial y}\frac{\partial y}{\partial \xi} \tag{A.2a}$$

$$\frac{\partial}{\partial \eta} = \frac{\partial}{\partial x}\frac{\partial x}{\partial \eta} + \frac{\partial}{\partial y}\frac{\partial y}{\partial \eta} \tag{A.2b}$$

となる．これを行列表示すると，つぎのようになる．

$$\begin{pmatrix} \dfrac{\partial}{\partial \xi} \\ \dfrac{\partial}{\partial \eta} \end{pmatrix} = \begin{pmatrix} \dfrac{\partial x}{\partial \xi} & \dfrac{\partial y}{\partial \xi} \\ \dfrac{\partial x}{\partial \eta} & \dfrac{\partial y}{\partial \eta} \end{pmatrix} \begin{pmatrix} \dfrac{\partial}{\partial x} \\ \dfrac{\partial}{\partial y} \end{pmatrix} \tag{A.3}$$

この式が (x,y) と (ξ,η) との間の変数変換関係を与える．

(**1**) **極座標への変換**　いま，特別な場合として極座標 (r,θ) への変換を考えると

$$x = r\cos\theta, \quad y = r\sin\theta \tag{A.4}$$

となるので

$$\frac{\partial}{\partial r} = \frac{\partial}{\partial x}\cos\theta + \frac{\partial}{\partial y}\sin\theta \tag{A.5}$$

$$\frac{\partial}{\partial \theta} = -\frac{\partial}{\partial x}r\sin\theta + \frac{\partial}{\partial y}r\cos\theta \tag{A.6}$$

を得る。

したがって，これらで構成される行列の逆行列を求め，書き直すと

$$\begin{pmatrix} \dfrac{\partial}{\partial x} \\ \dfrac{\partial}{\partial y} \end{pmatrix} = \frac{1}{r}\begin{pmatrix} r\cos\theta & -\sin\theta \\ r\sin\theta & \cos\theta \end{pmatrix}\begin{pmatrix} \dfrac{\partial}{\partial r} \\ \dfrac{\partial}{\partial \theta} \end{pmatrix} \tag{A.7}$$

となる。ここに速度ポテンシャル $\phi = \phi(x,y) = \phi(r,\theta)$ を代入すると

$$u = \frac{\partial \phi}{\partial x} = \frac{\partial \phi}{\partial r}\cos\theta - \frac{1}{r}\frac{\partial \phi}{\partial \theta}\sin\theta \tag{A.8}$$

$$v = \frac{\partial \phi}{\partial y} = \frac{\partial \phi}{\partial r}\sin\theta + \frac{1}{r}\frac{\partial \phi}{\partial \theta}\cos\theta \tag{A.9}$$

を得る。

図 **A.1** に示すように，速度ベクトル $\boldsymbol{q}$ をそれぞれ x,y 成分と r,θ 成分とに分解すると

$$v_r = u\cos\theta + v\sin\theta \tag{A.10}$$

$$v_\theta = -u\sin\theta + v\cos\theta \tag{A.11}$$

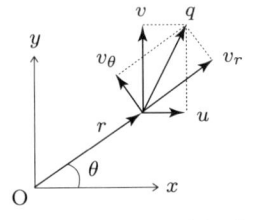

図 **A.1**　(x,y) 座標と (r,θ) 座標（極座標）における速度の関係

となるので,この式に先ほどの式 (A.8), (A.9) を代入して整理すると,極座標表示された速度成分 (v_r, v_θ) は,つぎのように表せる。

$$v_r = \phi_r \tag{A.12}$$
$$v_\theta = \frac{1}{r}\phi_\theta \tag{A.13}$$

(2) コーシー・リーマンの方程式の極座標への変換 つぎに,ここで求めた (x, y) 座標と (r, θ) 座標との間の変数変換関係式を用いると,(x, y) 座標におけるコーシー・リーマンの微分方程式は,$\phi(x, y)$, $\psi(x, y)$ に対して

$$(x, y) 座標:\quad \frac{\partial \phi}{\partial x} = \frac{\partial \psi}{\partial y}, \quad \frac{\partial \phi}{\partial y} = -\frac{\partial \psi}{\partial x} \tag{A.14}$$

となり,(r, θ) 座標では $\phi(r, \theta)$, $\psi(r, \theta)$ に対して簡単な計算により,つぎのように表せる。

$$(r, \theta) 座標:\quad \frac{\partial \phi}{\partial r} = \frac{1}{r}\frac{\partial \psi}{\partial \theta}, \quad \frac{1}{r}\frac{\partial \phi}{\partial \theta} = -\frac{\partial \psi}{\partial r} \tag{A.15}$$

A.2　直交する流線

図 6.1 (c) に示されているように,循環が大きいときには,その流線の一つに,幾何学的には円柱を一回りして交差部で直交する流線が現れる。流線は流量一定の線なので交差することはないが,幾何学的にはそう見える。この「交差部」は「鞍点」と呼ばれる特異点の一種であり,それは淀み点である。流れの様子を図 **A.2** に示す。

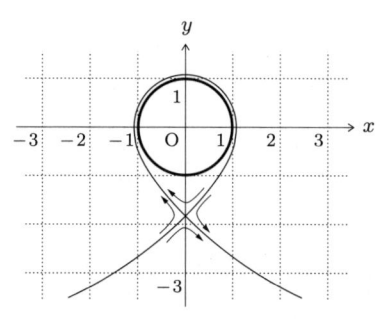

図 A.2　幾何学的に直交する流線
　　　（淀み点（交差部）：鞍点）

ここでは，この流線が幾何学的に直交することを証明してみよう．淀み点を (x_0, y_0) とし，淀み点を通る流れ関数を ψ とすると，淀み点においては流速 (u,v) は 0 であるので，次式が成り立つ．

$$u = \frac{\partial \psi}{\partial y} = 0, \quad v = -\frac{\partial \psi}{\partial x} = 0$$

このときの流線を「ゼロ流線」とする．これは当然淀み点 (x_0, y_0) を通るので，淀み点で $\psi = 0$ となる[†]．

つぎに，この ψ を淀み点 (x_0, y_0) 周りにテイラー展開すると，次式を得る．

$$\begin{aligned}
\psi =\ & \underbrace{\psi_0}_{0} \\
& + \underbrace{\left(\frac{\partial \psi}{\partial x}\right)_0 + \left(\frac{\partial \psi}{\partial y}\right)_0}_{0} \\
& + \frac{1}{2}\left[\underbrace{\left(\frac{\partial^2 \psi}{\partial x^2}\right)_0}_{a}(x-x_0)^2 + \underbrace{\left(\frac{\partial^2 \psi}{\partial x \partial y}\right)_0}_{h} 2(x-x_0)(y-y_0) + \underbrace{\left(\frac{\partial^2 \psi}{\partial y^2}\right)_0}_{b}(y-y_0)^2\right] \\
& + \cdots
\end{aligned} \tag{A.16}$$

$x \sim x_0$, $y \sim y_0$ なので，極限操作をすると第3項のみ残り

$$\psi \sim \frac{1}{2}\left[a(x-x_0)^2 + 2h(x-x_0)(y-y_0) + b(y-y_0)^2\right] = 0 \tag{A.17}$$

となる．すなわち，「交差部」を通る流線の「交差部」における流線の極限の式

$$a(x-x_0)^2 + 2h(x-x_0)(y-y_0) + b(y-y_0)^2 = 0 \tag{A.18}$$

を得る．ただし

$$a = \left(\frac{\partial^2 \psi}{\partial x^2}\right)_0, \quad b = \left(\frac{\partial^2 \psi}{\partial y^2}\right)_0, \quad h = \left(\frac{\partial^2 \psi}{\partial x \partial y}\right)_0$$

である．

式 (A.18) は，$x = x_0$, $y = y_0$ を通る2本の直線を表す．一方，いま考えている流れ場は非回転運動なので

[†] ここでは $\psi = 0$ としたが，一般的に淀み点を通る流線を $\psi = \text{const.}$ として，淀み点の周りでテイラー展開してもよい．すると，式 (A.17) で $\psi = \text{const.}$ となり，展開式は極限として $\psi = \psi_0 = \text{const.}$ となるので，結局，式 (A.16) と同等になる．

$$a + b = \left(\frac{\partial^2 \psi}{\partial x^2}\right)_0 + \left(\frac{\partial^2 \psi}{\partial y^2}\right)_0 = 0 \tag{A.19}$$

となるので，結局，式 (A.18) は

$$(x - x_0)^2 + \frac{2h}{a}(x - x_0)(y - y_0) - (y - y_0)^2 = 0 \tag{A.20}$$

となって，2本の直線は直交することになる。h はこれらの直線の傾きを表すもので，$h = 0$ ならば，それらは傾き $\pm 45°$ の直線を表す[†]。

もちろん，ここでは $a \neq 0$ としているが，もし $a = 0$ ならば，式 (A.19) より自動的に $b = 0$ となるので，式 (A.18) において $x = x_0$, $y = y_0$ を得て，この場合も 2 直線は直交することになる。

[†] この淀み点は，ちょうど「鞍点」の「頂点」に相当し（**図 A.3**），それぞれ「鞍」を「輪切り」にした方向と，「背骨方向」に切断した方向とに相当する。「鞍点」における微分の値は 0 なのに，鞍点は谷底でないので極小でなく，また丘の上でないので極大でもない，少し不思議な点である。極値問題では極値をとらない「停留点」とも呼ばれている（「背骨方向」には「極小」であるが，「輪切り」にした方向では「極大」に見える）。

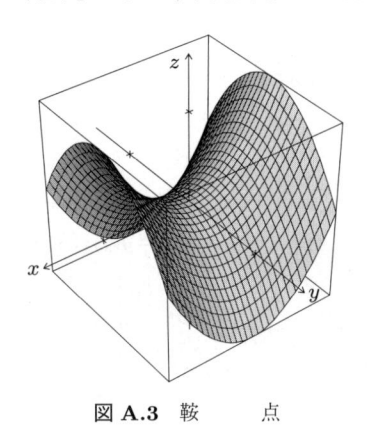

図 A.3 鞍　　点

A.3　コーシーの積分定理

複素関数 $f(z)$ の積分路 C（閉曲線）に沿う線積分として

$$\int_C f(z)dz \tag{A.21}$$

を考えると，もし関数 $f(z)$ が正則（コーシー・リーマンの方程式が成立）ならば

$$\int_C f(z)dz = 0 \tag{A.22}$$

が成り立つ。これをコーシーの積分定理という。このことを証明してみよう。

いま，図 **A.4** に示すような積分路 C と，それに囲まれた閉領域 S を考える。複素関数 $f(z)$ の積分路 C に沿う線積分は

$$\int_C f(z)dz = \int_C f(z)dx + i\int_C f(z)dy \tag{A.23}$$

と置けるので，各項目について考える。右辺第 1 項（図 (a)）は

$$\begin{aligned}
\int_C f(z)dx &= \int_a^b f(x+ig(x))dx + \int_b^a f(x+ih(x))dx \\
&= -\int_a^b \{f(x+ih(x)) - f(x+ig(x))\}dx \\
&= -\int_a^b \left\{\int_{g(x)}^{h(x)} \frac{\partial f}{\partial y}dy\right\}dx \\
&= -\iint_S \frac{\partial f}{\partial y}dxdy \\
&= -\iint_S \frac{\partial f}{\partial y}dS
\end{aligned} \tag{A.24}$$

(a) $\int_C f(z)dx$　　(b) $\int_C f(z)dy$

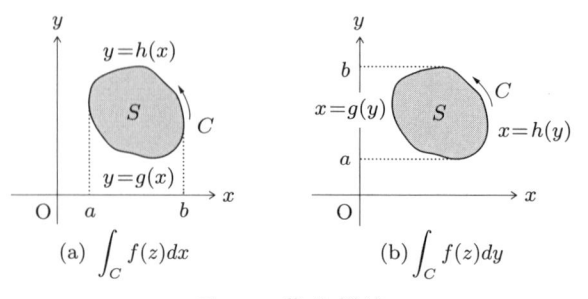

図 **A.4**　積分領域

A.3 コーシーの積分定理

となり，同様に，右辺第 2 項（図 (b)）は

$$\int_C f(z)dy = \iint_S \frac{\partial f}{\partial x} dS \tag{A.25}$$

となる．

これらを先ほどの式 (A.23) に代入すると

$$\begin{aligned}
\int_C f(z)dz &= \int_C f(z)dx + i\int_C f(z)dy \\
&= -\iint_S \frac{\partial f}{\partial y} dS + i\iint_S \frac{\partial f}{\partial x} dS \\
&= i\iint_S \left(\frac{\partial f}{\partial x} - \frac{1}{i}\frac{\partial f}{\partial y}\right) dS
\end{aligned} \tag{A.26}$$

を得る．

関数 $f(z)$ が正則であると，式 (A.26) の右辺は 0 となり

$$\int_C f(z)dz = 0 \tag{A.27}$$

を得る．

これらの関係式を用いると，つぎのような興味ある結果も得られる．先ほどは z で線積分を行って式 (A.27) を得たが，$\bar{z}$ で線積分を行うと

$$\int_C f(z)d\bar{z} \tag{A.28}$$

はどうなるであろうか．

そのため，$(x,y) \leftrightarrow (z,\bar{z})$ を考慮して

$$\left.\begin{aligned}
z &= x + iy, & \bar{z} &= x - iy, \\
x &= \frac{1}{2}(z + \bar{z}), & y &= \frac{1}{2i}(z - \bar{z}), \\
\frac{\partial}{\partial x} &= \frac{\partial}{\partial z} + \frac{\partial}{\partial \bar{z}}, & \frac{\partial}{\partial y} &= i\left(\frac{\partial}{\partial z} - \frac{\partial}{\partial \bar{z}}\right), \\
\frac{\partial}{\partial z} &= \frac{1}{2}\left(\frac{\partial}{\partial x} - i\frac{\partial}{\partial y}\right), & \frac{\partial}{\partial \bar{z}} &= \frac{1}{2}\left(\frac{\partial}{\partial x} + i\frac{\partial}{\partial y}\right)
\end{aligned}\right\} \tag{A.29}$$

等々の関係式を用意する．

さて，いままでの計算結果から

$$\begin{aligned}
\int_C f(z,\bar{z})d\bar{z} &= -i\iint_S \left(\frac{\partial f}{\partial x} + \frac{1}{i}\frac{\partial f}{\partial y}\right) dS \\
&= -2i\iint_S \frac{\partial f}{\partial z} dS
\end{aligned} \tag{A.30}$$

を得る。すなわち

$$\iint_S \frac{\partial f}{\partial z} dS = -\frac{1}{2i}\int_C f(z,\overline{z})d\overline{z} = \frac{i}{2}\int_C f(z,\overline{z})d\overline{z} \tag{A.31}$$

となる。先ほどの式 (A.26) もつぎのように書き換えられて

$$\iint_S \frac{\partial f}{\partial \overline{z}} dS = \frac{1}{2i}\int_C f(z,\overline{z})dz = -\frac{i}{2}\int_C f(z,\overline{z})dz \tag{A.32}$$

を得る。

これらを "area theorem" ということもある。

引用・参考文献

1) 今井 功:流体力学(前編), 裳華房 (1973)
2) 巽 友正:流体力学, 培風館 (1982)
3) 今井 功:流体力学と複素解析(数学セミナー増刊), 日本評論社 (1981, 絶版)
4) Lamb, H.: Hydrodynamics, Cambridge University Press, 6th ed. (1932)
5) Milne-Thomson, L.M.: Theoretical Hydrodynamics, MaCmillan, 5th ed. (1968)
6) Landau, L.D. and Lifshitz, E.M.: Fluid Mechanics, Pergamon Press (1963)
7) Van Dyke, M.: An Album of Fluid Motion, The Parabolic Press (1982)
8) 日本機械学会編:写真集「流れ」, 丸善 (1984)
9) 坂田 弘, 足立武司, 稲室隆二:渦放出モデルを用いた剥離を伴う非定常流れの一解法(第一報, 単独正方形柱まわりの流れ), 日本機械学会論文集 (B編), **49**, pp.801–808 (1983)
10) 新井紀夫, 田口勝彦:渦糸近似法における支配方程式の性質に関する一考察, 日本航空宇宙学会誌, **34**, pp.53–60 (1986)
11) 新井紀夫, 田口勝彦, 谷 喬:離散渦法による並列2角柱まわりの流れの解析, 日本機械学会論文集 (B編), **53** (486), pp.363–370 (1987)
12) 新井紀夫:離散渦法を用いた仮想質量の簡易計算法, 日本航空宇宙学会論文集, **54** (624), pp.36–38 (2006)

　本書の原稿を作成している段階で, 改めて, 数学者コーシー, リーマンの偉大さに打ちのめされつつ感服した. さらに, 今井の書[1),3)]にあるように, その数学的厳密さに気を引き締めさせられた. 原稿作成においては, この数学的厳密さを損なわず, かつ, 初学者にも取り組みやすいよう可能な限り簡潔に要点を抽出することを意図した.
　文献1)は, 数学的に厳密に記述された, 流体力学のバイブル的存在である. 文献1),2)は, 理学部出身の学者らしく厳密な表現に務めているので一読に値する. 文献3)も数学的に厳密な記述であり, 本書の1章などを記述する際に, おおいに参考にした. 文献4)は, 初学者には難解と思われるが, 一読に値する事柄が随所に見受けられる, 読み応えのある古典的名著である. 文献5)は, かなり大部の書であるが,

事例が豊富であり，割合にとりつきやすい。文献 6) は，本書の範囲をはるかに超えて広く収録されているが，示唆に富んだ解釈が特徴である。文献 7),8) は，流れの可視化写真集であり，本書とは直接関係ないが，じっくり眺めることにより，流れに対する理解を深めるのに役立つ。

文献 9)～12) は，複素速度ポテンシャルを用いて，流れ場を含む種々の問題に適用したものであり，初学者にも十分理解でき，その有用性は特筆できる。

文献 9) は，任意物体周りの非定常粘性流を渦糸（複素速度ポテンシャル）を用いて解析したものであり，粘性流に対する新しいアプローチを提案しており，初学者にも十分理解できる内容となっている。

文献 10) は，文献 9) に示された支配方程式の数学的性質を厳密かつ詳細に証明したものであり，渦糸による粘性流の解析において，文献 9) ともども，たいへん重要である。

文献 11) は，文献 9) の方法をより一般化し，複数物体周りの流れに対して拡張し，その有用性を強化したものである。

文献 12) は，加速度運動する物体周りの流れ場を解析する際に必ず考慮しなければならない仮想質量を求める方法として，渦糸を用いることにより任意形状物体の仮想質量を求める方法を提案しており，その拡張性から，今後の適用が期待される。

索 引

【あ】
鞍点　　125

【う】
渦糸近似法　　110
渦点　　44
渦度　　26, 29
渦なし流れ　　26

【え】
円柱周りの流れ　　57, 60
円の方程式　　7

【お】
オイラーの公式　　3

【か】
回転　　30
回転流　　42
仮想質量　　116

【き】
鏡像　　7, 88
共役関数　　33

【こ】
交互渦　　109
コーシー
　——の積分公式　　22
　——の積分定理　　20
　——・リーマンの微分方程式　　12, 32, 123
孤立特異点　　22

【さ】
三角関数　　15

【し】
指数関数　　14
写像　　67
循環　　29
循環流　　44

【す】
吸い込み　　41
ストークスの定理　　29

【せ】
正則　　11
正方形柱周りの流れ　　114
積分路　　18
線積分　　18

【そ】
速度成層　　110
速度ポテンシャル　　26

【た】
対数関数　　17
楕円柱周りの流れ　　78
ダランベールのパラドックス　　58, 64

【ち】
直線の方程式　　7

【と】
等角写像　　68

等ポテンシャル線　　34
ド・モアブルの公式　　4
鈍頭物体周りの流れ　　54

【な】
流れ
　円柱周りの——　　57, 60
　正方形柱周りの——　　114
　楕円柱周りの——　　78
　鈍頭物体周りの——　　54
　任意形状物体周りの——　　75
　二つの正方形柱周りの——　　115
　平板周りの——　　78, 82
流れ関数　　28

【に】
二重湧き出し　　45
任意形状物体周りの流れ　　75

【ね】
粘性流　　110

【は】
発散　　30

【ひ】
非回転運動　　29
微分係数　　11

【ふ】
付加質量　　116
複素関数の微分可能性　　11
複素速度　　33

複素速度ポテンシャル 32	【ま】	【り】
複素平面 1	マグナス効果 64	離散渦法 117
双子渦 105	【む】	リーマン面 17
二つの正方形柱周りの流れ 115	無限多価関数 17	留　数 24
【へ】	【や】	留数定理 22, 24, 87
平行流 36	ヤコビアン 121	流　線 28, 34
平板周りの流れ 78, 82	【よ】	【ろ】
ベルヌーイの定理 54	淀み点 54	ローラン展開 22
変数変換 121	淀み点圧力 54	【わ】
【ほ】	【ら】	湧き出し 41
ポテンシャル流れ 26	ランキンの楕円 55	

【B】	Joukowski 変換 75	【M】
Blasius の定理 84	Joukowski 翼 83	Milne-Thomson の円定理 93
【J】	【K】	【N】
Jacobian 121	Kelvin の渦保存則 112	n 乗根 15
Joukowski の仮説 82	Kutta の条件 82	

―― 著者略歴 ――

1976年 東京大学大学院工学系研究科博士課程修了（航空宇宙工学専攻）
       工学博士
1977年 NASA(アメリカ航空宇宙局) Ames Research Center 客員研究員
1979年 東京農工大学助手
       以後，講師，助教授を経て教授
       現在に至る

複素流体力学ノート
理想流体の基礎から粘性流への展開
Fluid Dynamics by Complex Velocity Potential
——From Ideal to Viscous Flows——

Ⓒ Norio Arai 2012

2012年10月26日 初版第1刷発行 ★

検印省略	著 者	あらいのりお 新 井 紀 夫
	発行者	株式会社　コロナ社
	代表者	牛来真也
	印刷所	三美印刷株式会社

112-0011 東京都文京区千石4-46-10
発行所　株式会社　コロナ社
CORONA PUBLISHING CO., LTD.
Tokyo Japan
振替 00140-8-14844・電話 (03)3941-3131(代)
ホームページ http://www.coronasha.co.jp

ISBN 978-4-339-04622-9　（柏原）　（製本：愛千製本所）G
Printed in Japan

本書のコピー，スキャン，デジタル化等の無断複製・転載は著作権法上での例外を除き禁じられております。購入者以外の第三者による本書の電子データ化及び電子書籍化は，いかなる場合も認めておりません。

落丁・乱丁本はお取替えいたします

機械系 大学講義シリーズ

(各巻A5判，欠番は品切です)

■編集委員長　藤井澄二
■編集委員　臼井英治・大路清嗣・大橋秀雄・岡村弘之
　　　　　　黒崎晏夫・下郷太郎・田島清瀬・得丸英勝

配本順		著者	頁	定価
1.(21回)	材　料　力　学	西谷弘信著	190	2415円
3.(3回)	弾　性　学	阿部・関根共著	174	2415円
5.(27回)	材　料　強　度	大路・中井共著	222	2940円
6.(6回)	機械材料学	須藤一著	198	2625円
9.(17回)	コンピュータ機械工学	矢川・金山共著	170	2100円
10.(5回)	機　械　力　学	三輪・坂田共著	210	2415円
11.(24回)	振　動　学	下郷・田島共著	204	2625円
12.(26回)	改訂 機　構　学	安田仁彦著	244	2940円
13.(18回)	流体力学の基礎（1）	中林・伊藤・鬼頭共著	186	2310円
14.(19回)	流体力学の基礎（2）	中林・伊藤・鬼頭共著	196	2415円
15.(16回)	流体機械の基礎	井上・鎌田共著	232	2625円
17.(13回)	工業熱力学（1）	伊藤・山下共著	240	2835円
18.(20回)	工業熱力学（2）	伊藤猛宏著	302	3465円
19.(7回)	燃　焼　工　学	大竹・藤原共著	226	2835円
20.(28回)	伝　熱　工　学	黒崎・佐藤共著	218	3150円
21.(14回)	蒸　気　原　動　機	谷口・工藤共著	228	2835円
23.(23回)	改訂 内　燃　機　関	廣安・實諸・大山共著	240	3150円
24.(11回)	溶　融　加　工　学	大中・荒木共著	268	3150円
25.(25回)	工作機械工学（改訂版）	伊東・森脇共著	254	2940円
27.(4回)	機　械　加　工　学	中島・鳴瀧共著	242	2940円
28.(12回)	生　産　工　学	岩田・中沢共著	210	2625円
29.(10回)	制　御　工　学	須田信英著	268	2940円
31.(22回)	システム工学	足立・酒井・髙橋・飯國共著	224	2835円

以下続刊

22. 原子力エネルギー工学　有冨・齊藤共著　　30. 計　測　工　学　山本・宮城共著

定価は本体価格+税5％です。
定価は変更されることがありますのでご了承下さい。

図書目録進呈◆

機械系教科書シリーズ

(各巻A5判)

- ■編集委員長　木本恭司
- ■幹　　　事　平井三友
- ■編集委員　青木　繁・阪部俊也・丸茂榮佑

配本順			頁	定価
1.	(12回)	機械工学概論　木本恭司 編著	236	2940円
2.	(1回)	機械系の電気工学　深野あづさ 著	188	2520円
3.	(20回)	機械工作法（増補）　平井三友・和田任弘・塚本晃久 共著	208	2625円
4.	(3回)	機械設計法　三田純義・朝比奈奎一・黒田孝春・山口健二・古谷誠・青山比呂志 共著	264	3570円
5.	(4回)	システム工学　古川正志・村井哲也・渡辺美知子・木下正治・浜克己・斎藤一誠・浅川毅・東野勝治 共著	216	2835円
6.	(5回)	材料学　久保井徳恵・樫原惠蔵 共著	218	2730円
7.	(6回)	問題解決のための　Cプログラミング　佐藤次男・中村理一郎 共著	218	2730円
8.	(7回)	計測工学　前田良昭・木村一郎・押田至啓・田村英樹 共著	220	2835円
9.	(8回)	機械系の工業英語　牧野州秀・水野雅裕・押野雄一 共著	210	2625円
10.	(10回)	機械系の電子回路　高橋晴俊・阪部茂一・丸茂榮佑 共著	184	2415円
11.	(9回)	工業熱力学　木本恭司・山田司郎 共著	254	3150円
12.	(11回)	数値計算法　藪忠司・伊藤悟男・藤本司剛 共著	170	2310円
13.	(13回)	熱エネルギー・環境保全の工学　井田民男・木本恭司・松崎友雄・山崎浩紀 共著	240	3045円
14.	(14回)	情報処理入門―情報の収集から伝達まで―　松田雄一・今宮義明・下城武夫・城憲彦 共著	216	2730円
15.	(15回)	流体の力学　坂田光雄・坂本雅彦 共著	208	2625円
16.	(16回)	精密加工学　田口紘一・明石剛二・吉井靖・米山誠 共著	200	2520円
17.	(17回)	工業力学　内山繁 著	224	2940円
18.	(18回)	機械力学　青木繁 著	190	2520円
19.	(19回)	材料力学　中島正貴 著	216	2835円
20.	(21回)	熱機関工学　越智敏明・老固智潔一・吉本隆光 共著	206	2730円
21.	(22回)	自動制御　阪部俊也・飯田賢一 共著	176	2415円
22.	(23回)	ロボット工学　早川恭弘・棚橋弘明・矢野順彦・重松彦 共著	208	2730円
23.	(24回)	機構学　重松大勝 共著	202	2730円
24.	(25回)	流体機械工学　小池勝 著	172	2415円
25.	(26回)	伝熱工学　丸茂榮佑・矢尾匡永・牧野州秀 共著	232	3150円
26.	(27回)	材料強度学　境田彰芳 編著	200	2730円
27.	(28回)	生産工学―ものづくりマネジメント工学―　本位田光重・皆川健多郎 共著	176	2415円

以下続刊

CAD／CAM　望月達也 著

定価は本体価格+税5%です。
定価は変更されることがありますのでご了承下さい。

図書目録進呈◆

宇宙工学シリーズ

（各巻A5判）

■編集委員長　高野　忠
■編集委員　狼　嘉彰・木田　隆・柴藤羊二

			頁	定価
1.	宇宙における電波計測と電波航法	髙野・佐藤 共著 柏本・村田	266	3990円
2.	ロケット工学	松尾　弘毅 監修 柴藤　羊二 共著 渡辺　篤太郎	254	3675円
3.	人工衛星と宇宙探査機	木田　　隆 共著 小松　敬治 川口　淳一郎	276	3990円
4.	宇宙通信および衛星放送	髙野・小川・坂庭 共著 小林・外山・有本	286	4200円
5.	宇宙環境利用の基礎と応用	東　　久雄 編著	242	3465円
6.	気　球　工　学 成層圏および惑星大気に浮かぶ科学気球の技術	矢島・井筒 共著 今村・阿部	222	3150円
7.	宇宙ステーションと支援技術	狼・冨田 共著 堀川・白木	260	3990円
8.	イオンエンジンによる動力航行	荒川　義博 監修 國中　均 共著 西山	288	4200円
9.	宇宙からのリモートセンシング	岡本　謙一 監修 川田・熊谷 共著 五十嵐・浦塚	294	4998円

定価は本体価格+税5％です。
定価は変更されることがありますのでご了承下さい。

図書目録進呈◆